感谢
那些指责你的人

李浩天 编著

煤炭工业出版社
·北京·

图书在版编目（CIP）数据

感谢那些指责你的人／李浩天编著．－－北京：煤炭工业出版社，2018

ISBN 978－7－5020－5351－2

Ⅰ．①感…　Ⅱ．①李…　Ⅲ．①个人—修养—通俗读物
Ⅳ．①B825－49

中国版本图书馆 CIP 数据核字（2018）第 245166 号

感谢那些指责你的人

编　著	李浩天
责任编辑	马明仁
编　辑	郭浩亮
封面设计	荣景苑

出版发行　煤炭工业出版社（北京市朝阳区芍药居 35 号　100029）
电　话　010－84657898（总编室）　010－84657880（读者服务部）
网　址　www. cciph. com. cn
印　刷　永清县晔盛亚胶印有限公司
经　销　全国新华书店

开　本　880mm×1230mm$\frac{1}{32}$　**印张**　$7\frac{1}{2}$　**字数**　200 千字
版　次　2019 年 1 月第 1 版　2019 年 1 月第 1 次印刷
社内编号　20180628　　　　**定价**　38.80 元

学会宽容

　　莎士比亚曾说过："有时，宽容比惩罚更有力量。"的确，宽容是一种美德。因为你的宽容，亲人爱护你、朋友信赖你、同事喜欢你，你周围所有的人都会欢迎你的到来。这就是宽容的力量。

　　宽容是做人的一种境界，是一种仁爱的光芒、上天的福分，是对别人的释怀，也是对自己的善待。法国作家雨果曾说："世界上最广阔的是海洋，比海洋还要广阔的是天空，比天空更广阔的是人的胸怀。"大海因为宽广，所以可以波浪滔天；天空因为宽广，所以可以包容万物；而人也因为胸怀宽广，才可以笑傲一切。

　　成功，离不开激烈的竞争。要想在激烈的竞争中赢取真正的胜利，除了具备应有的能力外，还要有一颗宽容的心。凡成大事者无一不是心胸开阔之人。学会宽容，无论在生活上还是事业上，都将让你受益匪浅。

目 录

|第六章| 报复无益

目 录

5

第一章

放下仇恨

给自己留条后路

《圣经》中说："爱你们的仇敌，善待恨你们的人；诅咒你的，要为他祝福；凌辱你的，要为他祷告。"可能我们还达不到这样的境界，毕竟我们是人，而不是圣人，所以，不可能跳得出七情六欲、爱恨情仇。但是，我们应该学会宽容，宽容我们的对手，善待我们的对手。

在工作中，在事业上，你可以和对手拼个你死我活，没有人会说你不对。但是，你不能将这种情绪也带到生活中去。如果你因为竞争而向对方进行人身攻击，甚至去骚扰人家的私人生活，那你的人品就有问题了。

　　其实，对待对手最好的办法不是争斗，而是合作。因为，如果双方势均力敌、不相上下，再争下去，只会让别人捡便宜。所以，倒不如双方合作，这样才会获得最大利益。目前出现的强强联合，就是在这种情况下产生的。

　　洛克菲勒曾经说过："我需要强有力的人士，哪怕他是我的对手。"而他也一直是这样做的。

　　在这个大千世界里，我们各自走着自己的路，难免会有碰撞的时候。即使最和善的人也会有意无意地伤到别人，也许今天，也许昨天，或者很久很久以前。对于伤害你的人，你又持什么样的态度呢？视之如眼中钉、肉中刺，欲除之而后快？还是微微一笑，点头而过？

　　曾经有位哲学家说过：堵住痛苦的回忆激流的唯一方法就是原谅。原谅可以带来治疗内心创伤的奇迹，可以使朋友之间去除隔阂，对手之间去掉怨恨。三国中的诸葛亮曾经七擒孟获，但并没有杀他，而是一次次地放他回去，最后终于化干戈为玉帛。我们对待对手，也应该学会这样的智慧。其实，大家都是为了生存，势必要去争夺有限的生存空间和资源，这也没有什么对错之分，又何必非要把对方置于死地呢？

　　其实，越是对手，其中越有许多的相似点。首先，能成

为你的对手，那么在实力与智慧上便与你不相上下，也必然会有着相同的追求。只是，各为其主，身不由己而已。如果不是立场不同，也许你们完全可以成为朋友。有时，我们甚至要感谢对手，因为如果没有他们，也许我们就会感到寂寞。如果真到了"独孤求败"那样的地步，可能就会成为一种悲哀了。毕竟，一个人在路上走总会感到寂寞，需有人同行才有意思。如果你一直在与某个人较真儿，但某一天突然发现他不存在了，是不是会从心底感到某种失落呢？

　　天下没有绝对的敌人，因此，做事也不能太绝。山不转水转，总会有再见面的时候，所以最好给自己留条后路。美国在竞选总统之时，对手之间往往都会相互攻击，甚至还会破坏对手的名声。但是，选举结束之后，其中落败的一方却可以在对手所组成的内阁里担任要职。这种对人性的协调，对我们来说不能不是一种启示。

宽容是融合人际关系的催化剂

　　生活中，我们当然要竭力避免伤害他人，对于他人无意中的冒犯和伤害，我们应以博大的胸怀宽容对方，避免怨恨消极情绪的产生，消除人为的紧张，避免身心的创伤。

　　一个小和尚要过独木桥，刚走几步就见到对面过来了一位挑柴的樵夫，小和尚见状便退了回来，让樵夫先过了桥。小和尚又抬步走上了独木桥，刚走到桥中央，他又遇见一个大着肚子的孕妇，小和尚还是很有礼貌地退回桥头，让孕妇先行。

　　这回，有了前两次的教训，小和尚不再贸然上桥了。他

翘着脚尖站在桥头，一直等到桥那边的人都过来了，他才又重新上桥。可是就在小和尚马上就要过去的时候，一个推着独轮车的农夫风风火火地冲上了独木桥。这次小和尚不打算再给人让路了，因为他还有几步就可以过去了啊！可是这个农夫却似乎也没有半点退让的意思，他的独轮车更是将独木桥堵得严严实实。两人互不相让，农夫便和小和尚大声地吵起来。这时，一个老和尚来到了桥边，两人不约而同地请他评理。

老和尚看了一眼小和尚，对他说："出家人要与人为善，你怎么不给他让路呢？难道就是因为你快要到桥头了吗？"

小和尚赶紧毕恭毕敬地回答："老师傅，您有所不知，在这之前我因为给别人让路已经连续退回两次了，我甚至还一直等到对岸的人们都过来了才上桥过河的。现在我马上就要过去了，可是这个人却这么不讲道理的硬要堵在这里。要是我总给别人让路，我又怎么能够过河呢？"

"那么，现在你就能过河了吗？"老和尚反问他说，

"既然你已经给那么多的人让路了，何必再在乎多让这一次呢？我们出家人参禅苦行到底是为了什么呢？"

小和尚顿时红了脸，无言以对。

老和尚回过头来又对农夫说："施主，你真的那么着急过河吗？"

"是啊，要是晚了的话，我车上的东西就很难卖掉了。"农夫见刚才老和尚训斥了小和尚，他赶紧继续诉苦道："您知道，现在的日子是很艰难的，要是我卖不掉车上这些东西，晚上孩子们就要饿肚子了。"

老和尚听了，笑笑说："既然你这么着急去赶集，你为什么不快给小和尚让路呢？你看看，只要你后退两三步就可以了，小和尚过去了，你不是也能顺利地过河了吗？"

俗话说，退一步海阔天空。在很多时候，让人其实也是让己。可是很多人却并不明白这样的宽容之道。

戴尔·卡耐基在做一期电台节目时，由于工作的疏忽，使他在介绍《小妇人》的作者时竟然说错了地理位置。有一位较真儿的听众写信来把他骂得体无完肤。面对如此粗鲁无礼的指责，卡耐基还是控制住了自己。他打电话给那个听

众，向他表达了诚挚的道歉。这位听众开始很是吃惊，直到最后对他变得由衷地敬佩起来。

可见，宽容是融合人际关系的催化剂，是友谊之桥的紧固剂。有了宽容，就意味着理解和通融，就有可能将敌意化解为友谊。

莎士比亚说过："不要因为你的敌人燃起一把火，你就把自己烧死。"生气是用别人的过错来惩罚你自己，除了对自己造成伤害以外，你又能得到些什么呢？所以，让我们都学会宽容吧。这样不仅有益于你的身心健康，而且有利于提高你的道德修养，于人于己都是有益的。

宽容，作为一种美德越来越受到人们的重视和青睐。在生活中，面对别人无意或有意的伤害，你大可以宽广的胸怀轻松地宽容他，这样你不仅表现出别人难以达到的襟怀，你的形象也会因此瞬时变得高大起来，你的精神也会提升到一个新的境界，你的人格更会折射出高尚的光彩。

宽容成就未来

古人曾写诗说:"千里家书为堵墙,让他三尺又何妨。万里长城今犹在,不见当年秦始皇。"有这种气度的人往往会在人际交往中获得更多的人缘。

在日常生活中,难免会发生伤害到别人的事,亲密无间的朋友无意做了伤害你的事,你是宽容他们,还是从此分手?或伺机报复?如果以牙还牙,冤冤相报何时了。如果你能以一种大度的心去宽容对方,表现出别人难以达到的襟怀,你的形象瞬时就会高大起来,你的宽宏大量、光明磊落使你的精神达到了一个新的境界,使你的人格折射出高尚的

光彩。

　　在很多人看来，只有做了错事得到报应才算公平。但英国诗人济慈说："人们应该彼此容忍，每个人都有缺点，在他最薄弱的方面，每个人都能被切割捣碎。"事实上，在每个人的身上，总会有这样或那样的弱点与缺陷，正是因为有这些弱点和缺陷，才使他们犯下这样那样的错误。从某种意义上来说，如果所犯之错没有伤害他人，那你也要做出内心的检讨。

　　宽容是做人的一种至高境界。一位哲人说："天空收容每一片云彩，不论其美丑，故天空广阔无比;高山收容每一块岩石，不论其大小，故高山雄伟壮观;大海收容每一朵浪花，不论其清浊，故大海浩瀚无比。"一颗宽容的心是无可比拟的。宽以待人，就要将心比心，推己及人。孔子早就告诫人们："己欲立而立人，己欲达而达人；己所不欲，勿施于人。"人同此心，心同此理，一件事情，你自己不能接受、不愿意做，别人也一定不愿接受、不愿意做。推己及人，是以自己为标尺，衡量举止能否为人所接受，其依据是人同此心，心同此理。将心比心，设身处地，还可以用角色互换的方法，假设自己站在对方的位置上，想想会有什么反应、感

觉，理解他人，体谅他人。

　　一个年轻人抱怨妻子近来总是对他大吵大闹，情绪变得忧郁、沮丧，常为一些鸡毛蒜皮的事对他嚷嚷。这都是以前不曾发生的，他很苦恼。一位经验丰富的长者问他最近是否争吵过，青年回答说，为了装饰房间发生过争吵。他说："我爱好艺术，远比妻子更懂得色彩，我们为了各个房间的颜色大吵了一场，特别是卧室的颜色。我想漆这种颜色，她却想漆另一种颜色，我不肯让步，因为她对颜色的判断能力不强。"长者问："如果她把你办公室重新布置一遍，并且说原来的布置不好，你会怎么想呢？""我决不能容忍这样的事。"青年答道。于是长者解释："你的办公室是你的权力范围，而家庭及家里的东西则是你妻子的权力范围。如果按照你的想法去布置'她的'厨房，那她就会有你刚才的感觉，好像受到侵犯似的。当然，在住房布置问题上，最好双方能意见一致，但是，如果要商量，妻子应该有否决权。"青年人恍然大悟，回家对妻子说："你喜欢怎么布置房间就怎么布置吧，这是你的权力，随你的便吧！"妻子大为吃惊，也非常感动，后来两人言归于好。

　　作为朝夕相处的夫妻，尽管彼此都已经很了解对方，也要学会以宽容的心对待。生活本身已很烦琐，如果事事不能站到别人立场换位思考的话，最终夫妻也会反目。

　　夫妻相处之道如此，推及其他亦如此，只要我们能够宽容他人的过失，对万物都能坦然处之，那么，生活将会比较惬意。

　　古人云："地之秽者多生物，水之清者常无鱼。故君子当存含垢纳污之量。"人的内心不能太狭小了，因为世界本来就很复杂，什么样的人物都有，什么样的思想都有，如果你事事与人斤斤计较，只会自己堵死自己的路。

　　因此，要想做一个有所成就的人，首先要养成宽宏大量的气度。"海阔凭鱼跃，天高任鸟飞。"一个人要有海阔天空的胸襟，不但能够容纳好人善人、看不惯的人，甚至于我们的敌人，也都要能宽容。宽容才能祛除嫉妒，宽容才能够成就我们美好的未来。

放下仇恨

英国的一位牧场主妻子和孩子都被土匪枪杀了，为了报仇，他变卖了所有的家产，四处寻找凶手。

如此的深仇大恨，谁都无法忍受，仇一定要报。可是当这位牧场主花了十几年时间找到凶手时，发现那个凶手已经老迈得没有任何力气还击，而且百病缠身，他要求牧场主一枪结束了他的生命。然而，牧场主把枪举起，又颓然放下。

最后，牧场主颓废地走出凶手居住的地方，他喃喃自语："我放弃一切，奔波了十几年就为了寻找到仇人，如今我也老了，报仇，还有什么意义？……"

　　牧场主花费了十几年时间寻仇，却发现所谓的"仇"根本就是缥缈的东西，而他，却为此浪费了大半生。

　　有仇不报，并不代表你是一个懦弱的人，真正聪明的人，绝对不会把时间浪费在没有实际意义的事情上。

　　一个职场中人，应该是一个成熟智慧的人，知道什么东西对他有意义、有价值，"报仇"这件事虽然可消"心头之恨"，但"心头之恨"消了，也有可能失去了自己，所以"君子"应尝试着有仇不报，应该学会放下敌对，超越你的对手。

　　也许你认为有仇不报非君子，要"爱"上自己的对手，实在是件很难做到的事，因为很多人看到"对手"都会分外眼红。所以不去打击消灭对方，是因为没有能力或环境不允许，但是对他总是会保持一种冷淡的态度，或说些嘲讽的话。由此可见，要放下敌对是多么难。就因为对待对手的态度，人的成就才有高有低，有大有小。能当众拥抱对手的人，他的成就往往比不能"爱"对手的人更大。

　　学会放下敌对，要让自己站在主动的地位，采取主动的人是"制人而不受制于人"的人。你采取了主动，既迷惑了第三者，搞不清楚你和对方到底是敌是友甚至还会误以为你

们已"化敌为友"，也迷惑了对手，使对手搞不清你对他的态度。但是，是敌是友，只有你心里才明白。如果你采取主动，对手就处于被动了。

处于被动的对手，如果不能做到也对你表示友好，别人就会觉得他没有度量，对他的评价就会多有贬低，这对他是非常不利的。

一间小商店对面新开了一家大型超市，这家超市严重影响了小商店的生意，小商店面临倒闭的危机。小商店的老板忧愁地找牧师诉苦。牧师建议他："每天早上站在自家商店门前祈祷你的商店生意兴隆，然后转过身去，也同样祈祷那家超市，也就是当众拥抱你的敌人，为你的对手祈祷。"

一段时间过后，正如人们预料的，小商店果然关门了，但是小商店的老板却被聘为了那家超市的经理人，而且收入比以前更好。

从上面的小故事不难看出，对你的对手表示友好，既可以在某种程度上降低你们之间的敌意，也可避免恶化你与对方的关系。换句话说，要在为敌为友之间留下一条灰色地带，免得敌意鲜明，反而阻止了自己的去路与退路。

　　此外，你的友好表示，也将使你的对手失去了对你进行攻击的理由，若他不理睬你的拥抱而依旧攻击你，那么他必招致众人的谴责。而最重要的是，放下敌对的行为一旦做了出来，久而久之会成为习惯，让你与人相处时，变得大度超然，能容天下人、天下物，进退自如，这正是成就大事业的人不可或缺的胸怀。

　　因此，体育比赛开始之前，双方都要拥抱或握手，比赛结束之后再来一次，这是最常见的"当众拥抱你的敌人"的一种方式。

　　在办公室里，同事之间一般不会有什么深仇大恨，毕竟是同事，都在为着同一家公司工作，只有大家的共同利益实现了，自己的利益才能实现。

　　如果遇到对手，并不是一件坏事，你不能保证自己永远正确，也许对手的某些想法和做法是正确的。所以，要学会放下敌对，"爱"上并超越你的对手。

　　记住：敌意既是一点一点增加的，也可以一点一点地消失。中国有句老话："冤家宜解不宜结。"大家一起工作，低头不见抬头见，还是少结冤家比较有利于你自己。

放下烦扰

有一个人去爬山，他带了一个很大很大的背包，里面都是些必需品，有食物、水、指南针、护理药品、绳索，还有各种各样的瓶瓶罐罐。这些东西太重了，山路又十分陡峭，还没有爬到一半他就累得喘起粗气来。他坐在地上歇了半天，然后又继续往前走。但是没走多远，他又累得满头大汗，只好又停下来，坐在路边休息。就这样，一会儿行，一会儿歇，总算爬到了半山腰。这时山上下来一个老农，见他这个模样不禁哈哈大笑起来。他问老农为何笑他，老农说："爬山就是向上走，眼睛就要向前看，没有用的东西就要统

统丢掉。像你这个样子，就算爬到了山顶，恐怕也快累死了。"

　　年轻人一听，老农说得很对，于是就忍痛扔了那些没有用的东西，结果行起路来果然轻松了很多。

　　人生，就是向上走，眼睛，也应该向前看，不应该再去留恋过去。过去的，就让它过去吧，无论是什么，都已成了历史，应该埋进时间的尘埃中去。

　　或许，你会留恋过去的辉煌、过去的掌声、过去的鲜花，但那些毕竟都是往事了，留恋是没有任何意义的，反而会成为累赘。

　　"智慧的艺术，就在于知道什么可以忽略。天才永远知道可以不把什么放在心上！"是的，该忽略的，就让它忽略；该放手的，就让它放手。生命的过程就如同一次旅行，如果把每一次的成败得失都扛在肩上，今后的路又怎么走？

　　所以，让我们把过去的一切埋葬，与过去说声再见，潇洒地跟往事干杯！人生的路上，我们所看到的，并不都是美丽的风景，这时，就要学会遗忘。遗忘，是一种解脱。只有学会遗忘，我们才能以更加积极的心态去面对生活。

　　有一个女孩，年纪轻轻得了白血病，眼见生命垂危，父

母悲痛万分。女孩却很坚强，尽管她身体虚弱，但是每天都会给母亲讲笑话，让母亲陪她散步。

她喜欢夕阳，每天都会出神地坐在那里看它静静地沉落。她看得那样出神，以至于忘了周围的一切。每到这时，母亲便会悲痛万分，她知道女儿之所以对夕阳那样迷恋是因为她知道自己以后再不会有机会看到了，因此她总会流泪。女儿笑着说："夕阳落了，世界才会那样宁静。"

女儿的病越来越重，父母守在女儿的病床前，泪流满面。女儿仍是那样镇静，微笑着对他们说："忘记我的离去，我就会永远生活在你们心中！"说完，女儿闭上了眼睛，他们痛不欲生，但女儿的话鼓励了他们。是的，忘记她的离去，她就会永远生活在你的心中。

上天赐予我们宝贵的礼物之一便是"遗忘"。学会遗忘，可以放下过去的包袱，可以活得更加轻松。

人们往往忽略了遗忘，因为所有的教育、所有的理论都在强调记忆的好处。

美好的事物容易忘却，痛苦的记忆却总是长久地储存。因为那些事情的确撼动过心灵，而人类的天性似乎总是将目

光锁定在"已失去的"或"没有的"，而忘记了"已有的"和"曾经拥有的"，这也是为什么我们会感到苦恼的原因。

　　一个人只有学会淡忘，才会活得幸福。可是我们总又忘不了，这是因为我们不想放下，如果可以放下，自然也就可以淡忘了。

　　一座古庙，坐落于风光秀丽的峨眉山。山上树木秀美，山下绿水潺潺。

　　庙里有个老和尚，每天都会在傍晚时分出来散步。他有一条小犬，名叫"放下"。

　　小和尚觉得很奇怪，一直想知道师傅为什么给小犬起这么一个名字。老和尚不语，只说了句"自己去悟"。小和尚只好每天观察着师傅，他见师傅每天都会带着"放下"在林间散步，赏落日，迎清风，优哉游哉，小和尚大悟。原来师傅每次叫小犬"放下"，也是在提醒自己放下啊！

　　人生总会有太多的负担，我们必须向那位禅师那样学会"放下"。因为只有这样，才会放下俗世烦扰，自由自在地生活。

第二章

包容他人

包容他人

　　任何人都不可能靠一个人的力量取得巨大的成功。身在职场，我们不可能单打独斗、一直单独工作，很多时候我们需要与老板进行沟通、与同事进行合作。而在这期间，我们是需要理解和包容的。

　　在我们与同事相处的时候，千万不要以自我为中心，无论在任何时候，我们都要对他人保持应有的礼貌，当有人做事情伤害到我们的时候，我们要学会原谅，当有人需要帮助的时候，我们要及时地伸出援助之手。表现自己能力的时候也要注意，千万不要狂妄自负，过分炫耀。我们还要学会欣

赏别人，承认别人的价值。只有善解人意，才能获得大家的尊重，才会成为企业里的一名好员工。

和谐的工作环境是依靠包容打造出来的，如果我们想与同事快乐地相处，一起努力完成工作，就要用一颗包容的心去面对事情。人与人之间难免会有一些摩擦，工作中更是如此，当同事与我们发生矛盾的时候，一定要试着去原谅他；当老板对我们发脾气时，要学会理解。每件事情都会有原因，也许我们与同事之间只是一场误会，也许老板也有他的难处，只要我们调整好心态，用包容和原谅面对这些事情，相信在每个人眼里，我们都是一名善解人意的好员工。

体贴老板、帮助同事，是取得更大的发展必须做的。当我们选择到某家公司上班的同时，也就选择了自己的同事和老板，要知道，每个人都有不同的做人和做事的方式，想要让自己尽快地适应、融入集体，我们就要学会理解和包容。

美国前总统伍德罗·威尔逊，在很多人眼里都是一个非常固执的人，他很少会听取别人的意见，因此，他周围的人都为此而感到苦恼。因为威尔逊是一个很有才能的总统，再加上他的自负，对于很多人精心制订的计划，他都置之不理。

他身边的助理豪斯为此也大伤脑筋，不知如何应对总统。可经过一件事情后，豪斯发现了与总统沟通的办法，在这以后，豪斯也成了能得到总统特殊待遇的人。

在讨论一个政治问题后，豪斯经过苦心的研究，制订出了非常完美的计划，可让他发愁的是他不敢把这个计划讲给总统听，因为他知道，没准自己精心计划的一切，还没等说完，就会被总统否决了。有一天，总统单独召见了豪斯，因为对自己这个方案很有信心，豪斯决定借这个机会把计划讲给总统听，可结果还是遭遇了和以前一样的结果。总统不但没有采取他的意见，还很生气地对他说："在我愿意听废话的时候，我会再次请你光临。"豪斯碰了一头灰后，无奈地离开了。可在事情过去几天后，在一次会议上，豪斯惊奇地发现，总统最终决定采用的方案，正是自己曾说给他听的方案。

事后，豪斯恍然大悟，他终于明白了总统为什么不肯采取别人的意见，原来总统是因为爱面子。对于高傲的威尔逊总统来说，他不愿在别人面前显示出自己弱小的一面，他需要时刻保持自己的威严，豪斯认识到，如果自己站在总统的角度，也不希望在大庭广众之下，让下属占据上风，那会有

损自己的颜面。

　　很多时候，类似这样的事情也会发生在我们身上。对于那些高于自己职位的上司和公司的领导而言，他们也需要面子，为了树立威严，让自己有足够的能力带领公司发展，有些时候他们不得不这样做。对此我们一定要理解，在遇到这种事情的时候，我们不妨站在领导的角度来看问题，这样不但可以消除内心的不愉快，对我们在公司里的未来发展，也会起到很大的帮助。

有失必有得

巴尔扎克说："在人生的大浪中，我们常常学船长的样子，在狂风暴雨之下把笨重的货物扔掉，以减轻船的重量。"

人们常认为如果没有得到，那就是失去。没有得到那样东西，就是失去。其实，这是一种先入为主的思想，你把你想得到的那些东西已经看成是自己的，在得不到的时候，就会有一种心理落差，认为失去了那件东西。

存有这样心结的人应该意识到这一点，那就是你现在没有得到，并不代表你将来不会得到。就像找工作一样，你没有应聘到的职位，不表示你失去了这个工作，要以发展的眼

光看待事物，你未来的工作发展空间可能会更大。

其实，获得与失去的分界完全在于你的心态，很多时候我们不要把失去的东西看得过重，不要有太多的追忆和懊悔，因为失去将意味着新的获得。在我们的潜意识里，谁都想得到而不想失去，但我们不要忘记，凡事都有好与坏两面，得到并不能说明没有失去，只是我们没有发现失去什么罢了；而失去也不意味着没有得到，或许我们从中会得到更多，因而我们在得与失之间应学会参悟，把失去转化成新的收获。失去的就让它失去，让我们共同在失去中寻找新的收获，只有我们不失去自己的人格，不失去我们的尊严，一切都将会更加精彩。

从前有个小山村位于海边，村前是大海，村后是座高山，山下有几百户人家和一座寺庙，山上住着爷孙俩。一天，天气炎热，气氛沉闷，老人警觉这是地震的前兆，而这个时候山下的人们正在寺庙里庆祝即将到来的收获。幸好地震只是短时间、缓缓地摇动了几下而已。

从那次后，老人经常习惯地向海那边望望，这一天，他看到海水突然变黑，海岸狭窄的曲线变得越来越宽，他知

道这是海啸即将来临的前兆，想到这时候下山通知村民已经来不及，老人急中生智，叫孙子马上点燃将要收获的稻子，山下寺庙里的和尚看到山上的浓烟，马上敲响寺里的警钟，村民听到钟声，一起到了山上。这时，老人的稻谷已付之一炬，孙子告诉大家爷爷是故意放火烧稻谷的，村民开始抱怨起来。老人没有辩解，他用手指向大海，大家一看，原来是"海啸"！疯狂的海水淹没了村庄，大家这才明白老人舍弃了自己的稻谷救了他们的命。

《老子》中说，祸往往是与福同在，福中往往就潜伏着祸。得到不一定是好事，失去了也不见得是件坏事。正确看待个人的得失，不患得患失，才能真正有所收获。人不应该为表面的得到而沾沾自喜，认识人，认识事物，都应认识他的根本。不要为虚假的东西所迷惑；失去固然可惜，但也要看失去的是什么，我们得到的又是什么。

一个小和尚一直在用一只漏水的桶挑水，刚开始小和尚并没有发现，过了一段时间，小和尚发现了这个问题，于是他跑到住持那儿，希望住持为他换一对水桶。

小和尚对住持说："住持，我每天从山下挑水上来，可

木桶一直都在漏水，我想应该换一对木桶了。"

　　住持对他说："我知道了，你再用它挑两个月吧！木桶漏水也不一定是坏事。"

　　就这样，小和尚又用这对木桶挑了两个月的水，在他想去换木桶的前一天，住持找到了这个小和尚，他带着小和尚从山上往山下走去，又走了回来。一路上住持让小和尚仔细地观察周边的环境。到了寺里，住持问道："你有什么新的发现吗？"

　　"路边长了许多漂亮的小花。"

　　"为什么小花只开在山路的两边呢？"住持又问道。

　　小和尚摇了摇头对住持说："我不知道。"

　　"花只开在山路的两边，是因为你每天都在给它们浇水，只是你不曾想过罢了。"住持说道。

　　听了住持的话，小和尚猛然抬起头，对住持说道："我终于知道用漏水木桶挑水的原因了。虽然木桶失去了里面的部分水，可是换来了山路两边许多美丽的小花，弟子也明白了做事如此，做人也如此，在某些时候，失去并不一定是坏事。"

　　我们应该有一个平衡的心态，也要认识到在某些时候放弃可能是为了更大地获取。生活中，即使我们的薪水不如他人高，但也要把老板所交付的任务踏实地做好。因为在这些工作中，我们能学到许多东西，例如可以磨炼自己的意志，学到做事的经验，发挥自己的才能等。大学的生活是我们体验社会生活的一个开始，然而工作却是我们真正地体验社会、体验自己能力的一个平台。所以不应该为工作中的一点儿失去而感到不高兴，应该对自己说："虽然我失去了部分物质方面的获取，但是我收获了更多比物质更珍贵的知识。"

　　失去了并不是永远的，只要我们把握好自己，失去以后定会有所收获。所以说，当你没有得到某些东西的时候，不要悲观地认为你失去了它。相反，你可能有机会收获比这个更好的东西。

感恩

美国作家海伦·凯勒说："抱怨只会使心灵阴暗，爱和愉悦则使人生明朗开阔。"

现实生活中，很多人都存在抱怨的心理，当你想逞一时口舌之快时，你一定要注意：抱怨像一个沉重的包袱，它只会让你的情绪变得更差，使你产生消极的行动，最重要的是它还会伤害他人，甚至会毁了你的爱情、友情，还有你的人缘。

在这个丰富多彩的社会，总会有一些人生活得不如意，而这样的人就存在我们的身边。他们对人生充满了抱怨，抱怨自己没有从事一份好职业，抱怨自己没有宽敞明亮的房

子，抱怨自己没有一个能上天通地的父辈，抱怨自己从事的工作辛苦却薪水少得可怜，抱怨没有发挥出自己的最大能量……当然，生活的确有很多遗憾，但也不要抱怨，纵然你面临的全是不幸，也不要抱怨，没有一个人的生活是完美无缺的，如果你老是陷入抱怨的沼泽中不能自拔，那么就永远不能前进，而且这还会像包袱那样，压在你的肩头，使你生活在一种身心俱疲的状态之中。

当一个人把抱怨当成习惯的时候，那是非常可怕的，因为抱怨对别人没有任何好处，对自己也是同样。相反，如果我们对自己的生活无怨无悔，这本身就是一种幸福，我们怎么能让坏心情来左右我们的心理呢？

有些人常常抱怨命运不公，却不看看自己为理想都做了什么，我们索取的总想比付出的多。其实，只要放平心态，拿出行动，你一样也能活得很好。

有一天，一只威猛强壮的老虎来到了天神面前："我很感谢你赐予我如此雄壮的体格，如此强大无比的力气，让我有足够的能力统治整个森林。"

天神听了，微笑着问："但这不是你今天来找我的目的吧？看起来你似乎为了某事而困扰呢！"

　　老虎轻轻叹了一声，说："可不是嘛！天神真是了解我啊！我今天来的确是有事相求。因为尽管我的能力再强，但是每天鸡鸣的时候，我总是会被鸡鸣声给吓醒。神啊！祈求你，再赐予我一份力量，让我不再被鸡鸣声给吓醒吧！"

　　天神笑道："你去找大象吧，它会给你一个满意的答复的。"

　　老虎兴冲冲地跑到湖边找大象，还没见到大象，就听到大象跺脚所发出"砰砰"的响声。

　　老虎加速跑向大象，却看到大象正气呼呼地直跺脚。

　　老虎问大象："你干吗发这么大的脾气？"

　　大象拼命摇晃着大耳朵，吼着："有只讨厌的小蚊子，总想钻进我的耳朵里，害得我快痒死了。"

　　老虎离开了大象，心里暗自想着："原来体形这么巨大的大象，还会怕那么瘦小的蚊子，那我还有什么好抱怨的呢？毕竟鸡鸣也不过一天一次，而蚊子却是无时无刻地骚扰着大象。这样想来，我可比它幸运多了。"

　　人的一生中，无论我们走得多么顺利，但只要稍微遇上一些不顺的事，就会习惯性地抱怨老天亏待我们，进而祈求老天赐予我们更多的力量，帮助我们渡过难关。但实际上，老天是最公平的，就像它对老虎和大象一样，每个困境都有其存在的正面价值。

斯蒂芬·霍金，是当代最伟大的科学巨匠之一。他对黑洞和宇宙的研究奠定了人类近代宇宙观的基础，揭示了许多关于宇宙的奥妙，他所撰写的《时间简史》在全世界行销5000万册以上，是目前销量最大的科普读物之一。不幸的是，在他21岁时，身患卢伽雷病，他的全身失去知觉，只有一根手指可以活动。他的许多惊世之作，就是凭这根手指扣动键盘写出来的。

有一次，在学术报告结束之际，一位年轻的女记者捷足跃上讲坛，面对这位在轮椅里生活了三十余年的科学巨匠，深深景仰之余，又不无悲悯地问："霍金先生，卢伽雷病已将你永远固定在轮椅上，你不认为命运让你失去太多了吗？"这个问题显然有些突兀和尖锐，报告厅内顿时鸦雀无声，一片肃谧。

霍金的脸庞却依然充满恬静的微笑，他用还能活动的手指，艰难地叩击键盘，于是，随着合成器发出的标准伦敦

音，宽大的投影屏上缓慢而醒目地显示出如下一段文字：

我的手指还能活动，

我的大脑还能思维；

我有终生追求的理想，

有我爱和爱我的亲人和朋友；

对了，我还有一颗感恩的心……

心灵的震颤之后，掌声雷动。人们纷纷涌向台前，簇拥着这位非凡的科学家，向他表示由衷的敬意。人们深受感动的，并不是因为他曾经的苦难，而是他面对苦难的坚定、乐观和勇气，是他那颗热爱生活、热爱生命的感恩的心。

很多年轻人往往愤世嫉俗。国家费尽心血把他培养成才，公司也对他相当器重，然而他却不能一展所学，为国家、社会或者企业做出相应的贡献。他们不知自我反省，相反却怨天尤人。对于这种人，你不能期望他成为优秀的家长，也不能期望他成为忠于职守的员工。

如果你对自己的工作不满意，就要试着去努力，让自己去慢慢适应而且喜欢，因为好的职位总是青睐那些肯埋头苦干和付出实际行动的人。如果你成天无精打采，工作处处抱

怨，牢骚满腹，即使有好的职位也不会落到你的头上。

　　一位企业界的成功人士曾说："是感恩的心改变了我的人生。当我清楚地意识到我没有任何权利要求别人时，我对周围的点滴关怀都怀有强烈的感恩之情。我竭力要回报帮助过我、支持过我的人，我竭力做得更好而让他们快乐。结果，我不仅工作得更加愉快，得到的帮助也更多，工作也更出色。我很快获得了公司加薪升职的机会，赢得了更加广阔的发展空间。"

　　所以，只有自己放下了抱怨的包袱，扭转了消极心态，端正了工作态度，才有可能把握机会来充实自己，对于一个肯努力上进的人来说，生活是不会亏待他的。

吃亏是福

工作中要经常注意这个原则，凡事不要斤斤计较，如果对什么事情都生气的话，累坏的是你自己，不要做那个"利"字当头的人，什么亏都不能吃，什么便宜都想占，工作拣轻的干，薪水不想比别人少。其实，不管是和同事相处或是涉及利益时，吃点儿小亏未必是坏事。

亏和赢是相对的，也是互补的，人生不可能一辈子都不吃亏，这次吃亏了，不代表永远吃亏，而且，因为你的宽容和大度，会使得很多人对你有好感，反过来说，其实你得到了更多，得人心比挣钱更加困难。只有从心理上正视吃亏的

存在，才能以一种豁达的态度来面对它，心理才会平衡。

　　据说有个沙石场老板，没有文化，也没有背景，但生意却出奇的好，而且历经多年，长盛不衰。说起来他的秘诀也很简单，就是与每个合作者分利的时候，他都只拿小头，把大头让给对方。

　　如此一来，凡是与他合作过一次的人，都愿意与他继续合作，而且还会介绍一些朋友，再扩大到朋友的朋友，也都成了他的客户。人人都说他好，因为他只拿小头，但所有人的小头集中起来，就成了最大的大头，他才是真正的赢家。

　　"吃亏"是让利的表面，"是福"是在让利的里面与内容。用争夺的方法，你永远得不到满足；但用让步的办法，你可以得到比期盼的更多。换言之，吃亏是福！

　　吃亏，就是自己谦让一些，牺牲一些利益，可失去的东西只是暂时的。那些一点儿亏都不能吃的人往往看到了眼前的小利小惠，而失去了更多的东西。如果我们能够处之泰然，不去计较一时的得失，最后，我们得到了人们更多的信赖、理解、尊重，这难道不是最大的福分吗？任何一个有作为的人，都是在不断吃亏中成熟和成长起来的，从而变得更加聪慧和睿智。

　　东汉时期，有一个名叫甄宇的在朝官吏，时任太学博士。他为人忠厚，遇事谦让。有一次，皇上把一群外番进贡的活羊赐予了在朝的官吏，要他们每人得一只。

　　在分配活羊时，负责分羊的官吏犯了愁：这群羊大小不一，肥瘦不均，怎么分群臣才没有异议呢？

　　这时，大臣们纷纷献计献策：

　　有人说："把羊全部杀掉吧，然后肥瘦搭配，人均一份。"

　　有人说："干脆抓阄儿分羊，好不好全凭运气。"

　　就在大家七嘴八舌争论不休时，甄宇站出来了，他说："分只羊不是很简单吗？依我看，大家随便牵一只羊走不就可以了吗？"说着，他就牵了一只最瘦小的羊走了。

　　看到甄宇牵了最瘦小的羊走，其他的大臣也不好意思去牵肥壮的羊，于是，大家都拣最小的羊牵，很快，羊都被牵光了。每个人都没有怨言。

　　后来，这事传到了光武帝耳中，甄宇因此得了"瘦羊博士"美誉，称颂朝野。

不久，在群臣的推举下，甄宇又被朝廷提拔为太学博士院院长。

从表面上看，甄宇牵走了小羊吃了亏，但是，他却得到了群臣的拥戴、皇上的器重。实际上，甄宇是得了大便宜。

我们要在为人处世、维护利益上变得聪明一些，但聪明也有限度，不要聪明反被聪明误。聪明与精明的概念是不一样的。

当你决定要为了自己所选择的事业付出努力时，一定要懂得：聪明的人一般不计较眼前的得与失，因为他们的眼光长远，只要能随时把握住自己的大目标，吃亏也是正常的，再说，如果什么事情都要计较，心累、身累。能吃亏的人虽然他们的好多行为让别人看起来都是不能理解的，觉得不划算。但是只有他们心里知道，自己的努力和付出肯定在将来会得到巨大的利益回报。长远的利益肯定是较大的利益，而眼前的利益从来都是小利。

成功的人都是聪明的人，最明白吃小亏占大便宜的道理；成功的人总是不惜血本来招揽人才，然后通过人才使他们成功；而失败的人总是因为不想吃亏，只想占便宜而失去人心，然后因人才匮乏和事业无助走向失败。

第三章

善待他人的批评

理解他人的批评

贺斯说："我愿意做一块磨刀石；虽然它本身不能切东西，却能使铁器锋利。"

任何人都避免不了会受到一些正确的或是错误的批评。这时我们千万不要因此而感到不高兴，更不应该做出一些不理智的反抗。其实，批评会给人们带来很大的帮助，无论是对是错，我们都将从中受益。

从小到大，我们挨过大人的骂，挨过老师的骂，也挨过其他人的骂。同样那些名人以及那些历史上许多成就卓越的著名人物也有很多都被人骂过，但是他们都能以良好的心态

去对待这些骂他们的人。在现实生活当中，你被人骂时，能以良好的心态去面对那些骂你的人吗？

美国国父乔治·华盛顿曾经被人骂作"伪君子""大骗子"和"只比谋杀犯好一点"。《独立宣言》的撰写人托马斯·杰弗逊曾被人骂道："如果他成为总统，那么我们就会看见我们的妻子和女儿，成为合法卖淫的牺牲者；我们会大受羞辱，受到严重的损害；我们的自尊和德行都会消失殆尽，使人神共愤。"但是他们并没有被吓倒，而是以良好的心态去面对这些人，所以他们能做出如此之大的成就。

乔治·罗纳在维也纳当了很多年的律师，但是在第二次世界大战期间，他逃到瑞典，那时他很需要找到一份工作。由于罗纳能说能写，所以他很自信地认为自己能找到一份很好的工作，这份工作就是做一名出色的秘书，但绝大多数的公司都回绝了他，说因为现在正在打仗，他们不需要用这种工作人员，不过他们会把他的名字存在档案里，当某一天需要的时候再找他。

但最后一个公司的回绝让罗纳很生气，他们对罗纳说："你对我们所做生意的了解完全错误。你既错又笨，我根本不

需要任何替我写信的秘书。即使我需要，也不会请你，因为你甚至连瑞典文也写不好，你的求职信里大部分都是错字。"

　　罗纳很生气，他很想对那个人发火，但他还是冷静了下来，他对自己说："等一等。我怎么知道这个人说的是不是对的？我修过瑞典文，可它并不是我的母语，也许我确实犯了很多我并不知道的错误。如果是这样的话，那么我想得到一份工作，就必须再努力学习了。这个人可能帮了我一个大忙，虽然他本意并非如此。他用这样难听的话来表达他的意见，并不表示我就不亏欠他，所以我应该感谢他的提醒。"于是罗纳没有生气，而且感谢这位回绝他的人。

　　但让罗纳意外的事竟然发生了，那个回绝他的人对罗纳说："你能这样，让我感到很高兴，我希望你能加入我们，和我们一起努力奋斗，因为你的心态会使你更好地完成任何一项任务。"

　　通过上面的故事，我们可以得出这样的一个启示，我们永远不要试图报复我们的仇人，因为如果我们那样做的话，我们会深深地伤害了自己。要培养平安和快乐的心境，以感激的态度对待指责你的人，你也许能从中得到许多意料之外

的好处。

马修·希拉绪指出："只要你超群出众，你就一定会受到批评，所以还是趁早习惯的好。"

因此，无论你是被人踢还是被人恶意批评也好，请记住，他们之所以做这种事情，是因为这件事能使他们有一种自以为重要的感觉，这通常也就意味着你已经有所成就，而且值得别人注意。很多人在骂那些教育程度比他们高的人，或者在各方面比他们成功得多的人的时候，都会有一种满足的快感。正如哲学家叔本华说过的那样："庸俗的人在伟大的错误和愚行中，得到最大的快感。"

不因批评而动怒

在生活与工作当中，我们经常都会看到这类事情的发生：一个人因为遭到别人的批评后到处发泄情绪，所有人都成了他攻击的对象，愤怒的心理使他变得极为暴躁。谁都会遭到批评，可以说这是我们生活中的一部分，越深刻的批评就越能使我们深刻地认识到自己的不足之处，它是促进我们成长最好的帮手。所以说，我们不应该因为遭到批评而感到不愉快，甚至是发怒。

伊本·加比洛尔曾这样说道："一个人的心灵隐藏在他的作品中，批评却把它拉到亮处。"很多一直都处于迷茫

状态的人，往往都是因为受到别人的批评后才清醒过来的。没有批评，人们就很难会有所进步，因为人们无法更加清楚地知道自己所做的事情是对是错，尤其是对那些怀有满腔热血做自己喜欢做的事情的人而言，他们更需要别人批评来为自己提醒，以至于自己不会盲目地做一些错事。换个角度来说，既然批评是一件好事，那么，我们就更不要因此而发怒了。这不仅会影响到我们的生活和工作，而且对身体也有着很大的伤害。

美国的《生活》杂志上曾刊载说："愤怒不止的话，长期性的高血压和心脏病就会随之而来。"

曾经有一位非常优秀的剑客，他打遍天下无敌手，因此他也成了很多人心目中的英雄。可这个剑客有一个缺点，他永远不能接受别人对自己的批评。

一次，他在与对手决斗胜利后，遭到了很多人的批评。原因就是因为对方是位女士，可他并没有因此而放过对手，并且将其伤得很重。一时间，种种批评扑面而来，有的说他不讲道德，有的说他不配做一名英雄，甚至还有人说他应该离开这个国家，他的行为让人感到恶心。听到这些消息后，这位剑客十分的愤怒，他不仅没有接受批评，还对外宣布，一定要报复那

些批评过自己的人。原本以为这样就可以使那些一直都在批评自己的人就此收口，可他这样做不但没有实现自己的想法，相反，却招来了更多人的质疑。就连那些一直视他为英雄的人也对他的这种行为感到不能理解。于是所有人都开始慢慢地讨厌他，他英雄的美名也就此而终结了。因为不能接受现实，剑客因此而大病一场，差点丢掉了自己的性命。

当我们面对别人批评的时候，应该学会坦然地接受，并对此做出思考，仔细想想自己是不是有什么地方真的做错了，如果是这样的话，一定要及时做出检讨。千万不要不分青红皂白地大发雷霆，这样不仅会影响到自己的品德，对身体也是没有一点儿好处。

其实，那些不能接受别人批评的人，也是一种逃避责任的表现。正是因为他们没有勇气承认自己所犯下的错误，才不敢面对别人的批评。他们试图用逃避和反抗的方法为自己进行辩解，很显然，这种做法是错误的，这样做的后果是，在不能将其化解的同时还会招来更多不必要的麻烦。

小云在一家文化公司里工作，由于工作还算出色，领导将她晋升为部门的主管。可升职没过多久，她就因为态度问题被公司炒鱿鱼了。

　　在完成一次任务时，小云因为和部门里下属的意见产生了分歧，两人闹得很不愉快。最终导致了任务的失败。事后，下属对小云的能力提出了质疑，他认为，如果当初能按照他的计划去执行这次任务，一定能顺利地完成，也就不会有现在这样的事情发生了。消息传到小云的耳朵后，她顿时大发雷霆，并且马上找到了在背后批评自己的那名下属。为了逃避领导的怪罪，小云甚至还把所有责任都推给了那名批评自己的下属，说全是因为他的不团结，才导致了任务的失败。其实，领导对此事早已心知肚明，原本就是小云的错。是她觉得自己大小也是个领导，没必要接受下属的意见和批评，才导致了与同事间产生了分歧，使这次任务失败。最终，领导没有听小云解释，不但狠狠地批评了她，还将她炒了鱿鱼。

　　正确地认识批评，不要因此而产生不良的心理。动怒对我们没有一点儿好处，更何况这并不是一件值得我们动怒的事相反，它应该是一件让我们感到高兴的事。在很多时候，之所以一个人能得到别人的批评，说明这个人还被大家关注着，大家希望他能改正错误。所以说，我们一定要正视任何人的批评，并从中找到自己不足之处，加以改进。

放下心中的怒气

　　俗话说，气大伤身。怒气会使一个人性格变得急躁，如果怀有怒气做事，不但很容易因为一点小摩擦与人发生冲突，而且还会影响到我们身体健康。

　　一位医师曾说："愤怒不止的话，长期性的高血压和心脏病就会随之而来。"据说美国芝加哥市有一位餐厅老板，一次，他看到他的厨师用茶碟喝咖啡时非常生气，发疯似的抓起一把手枪去追赶那个厨师，结果他的心脏病发作了，剧烈的疼痛迫使他扭动着身躯转了一圈后倒地身亡。

　　当一个人怀有怒气去做事的时候，就如同一个丧失理

智的士兵，没等敌人把他打垮，他就被自己发出的怒火"烧伤"。在如今这个竞争激烈的社会，为了使自己能够立足，人们一直都在与对手竞争，可在这期间，一定要牢记一点，无论在任何时候都不要怀有怒气去"战斗"，因为怒气会使人丧失理智，在丧失理智的情况下，是很难取得胜利的。

虽然我国古代有"哀兵必胜"一说，但满怀怒气、丧失理智的哀兵未必就能取胜。

三国时期，一心要急于为关羽报仇的刘备，心怀怒火，倾全国之力，大举兴兵攻打东吴，而最终落得兵败早死的下场。

219年，关羽死后，刘备痛苦不已，对东吴仇恨有加。那个粗鲁的张飞鞭挞部下裨将范疆、张达，二人刺死张飞投吴。这让处在悲痛中的刘备痛上加痛，恨上加恨。他不顾群臣苦劝，兴兵伐吴。以怒兴师，恃强冒进，在战略上犯了兵家大忌。开始时连胜东吴。孙权派使者求和，刘备斩之，孙权只好拜陆逊为大都督，那个聪明的陆逊坚守不战，以待蜀军兵疲意沮。而后火烧连营，大获全胜。刘备败走白帝城，伤感懊悔而病，临终前托孤于诸葛亮。

在历史学家看来，这是一场不会有好结果的战争。刘备

一意孤行，不听诸葛亮事前调兵部署，结果蜀军几乎全军覆没，在卫兵的死拼保护之下，刘备才捡了一条命，但从此忧郁攻心、一病不起，撒手西去。

冲动是魔鬼，愤怒总是会使人们变得冲动、丧失理智。无论受到多大的委屈，我们都不要让怒火在我们心中燃起，要静下心来，理智、冷静地看待问题，只有在理智的情况下，才可以对事情做出正确的判断，才能拿出最好的解决办法，从而顺利地将所遇到的矛盾化解。

一位老人退休后在乡下买了一座宅院，准备在这里安享晚年。这座宅院位于乡下的一座小山下，周围的环境非常优美，安静的生活让老人觉得很舒服。可没过多久，安逸的生活就被三个人打破了。这三个人一连几天都在附近踢所有的垃圾桶，吵得老人无法好好休息。老人实在受不了踢垃圾桶发出的噪声，于是，他主动去和那三个人攀谈。

"伙计们，你们几个是不是玩儿得非常高兴呀！"他温和地说，"如果你们能够坚持每天都到这里来踢垃圾桶，我愿意给你们一块钱作为奖赏，你们认为怎么样？"

三个年轻人听了老人的话非常高兴，心想天下居然会有

这样的好事，我们不但可以在这里娱乐，还能拿到钱，真是太好了。

于是，他们每天都会来这里踢垃圾桶。几天后，老人满面愁容地找到这三个人说："通货膨胀使我的收入减少，从现在起，我只能付给你们每天五角钱了。"

三个人听后虽然有些不高兴，可这个结果还是能够接受的，于是他们继续踢着垃圾桶。

又过了几天，老人再次找到了他们，抱歉地说："实在对不起，我最近没有收到养老金，所以我只能每天付给你们两角五分钱，这样可以吗？"

"什么？每天只有两角五分钱，这实在是太少了，无论怎样我们都无法接受，你去找别人踢这该死的垃圾桶把！"说完，三人气冲冲地离开了。

生活恢复了以往的安静，老人再也没有听到踢垃圾桶发出的噪声，他又可以安逸地生活了。

遇事不发怒，人们就可以保持冷静的头脑，便会理智地处理遇到的困难。英格索尔说："愤怒将理智的灯吹灭，所以在考虑解决一个重大问题时，要心平气和，头脑冷静。"

任何人都会发怒，特别是在丧失理智的时候，但并不是所有的人都能控制住自己的怒火。那些在发怒后能即使冷静下来的人才是真正的聪明人。没有什么比理解和宽容更能让一个人理智，千万不要因为别人的批评或责怪而燃起自己的怒火，这样最终受到伤害的只能是自己。

有一位知名的大学教授，他不但以显赫的学术成就享誉社会，其个人修养与待人技巧，同样深得好评。有人曾问过他，为何能把人际关系处理得那么好，难道您从来都不会生别人的气吗？这位教授说："当然会啊！但我有个习惯，那就是：每当我愤怒之时，就闭口不言；即使说话，也绝不超过三句！"这个人很好奇，于是询问究竟。他笑着回答说："当一个人生气时，往往会失去理智，容易意气用事，讲出来的大多是'气话'，甚至是'错话'、'脏话'，就会使局面更糟。所以，为了不让怒气坏了理智，在恼火的时候，我宁可让自己尽量少说话！"

人在生气的时候，多半讲不出什么"好话"。与其等局面变得难以收场以后而懊悔不及，还不如早些选择沉默不语。

崇高的情感，是一个要成为真正有教养的人所必需的。

凡是没有高尚情感的人，就是一个邪恶的人。控制自己的怒火，是使自己成为一个有教养的人的先决条件之一。

美国政治家托马斯·杰斐逊曾这样说道："在你生气的时候，如果你要讲话，先从一数到十；假如你非常愤怒，那就先数到一百，然后再讲话。"当我们心怀愤怒的时候，不妨等到情绪有所好转的时候，再与别人进行沟通。如果我们能这样做，只是多付出了一点儿时间，却能收获更好的结果。

对别人的恶意批评一笑了之

　　一个人不可能只得到别人的赞美，即使你非常出色，也避免不了遭遇一些批评。而批评中难免有恶意的，很多人会因为受到恶意的批评后，便失去了原有的自信，甚至怀疑自己所做的事情是否正确，并开始质疑自己的能力。这样一来，就无法集中精力去做事，原本很有把握的事也会搞砸。

　　任何一个成功者都不会因为受到别人的一些影响而放弃自己追求的目标，更不会被一些讽刺和批评所左右。面对别人恶意的语言，他们会一笑了之，并且用行动证明自己是正确的。但很多人不能做到这样，他们似乎不是在为自己而活，而是为别人的

态度而活。

在人类的行为中，有一条基本原则，如果你遵循它，就会为自己带来快乐，而如果你违反了它，就会陷入无止境的挫折中。这条法则就是：尊重他人，满足对方的自我成就感。正如杜威教授曾说的：人们最迫切的愿望，就是希望自己能受到别人的重视。就是这股力量促使人类创造了文明。如果你希望别人喜欢你，就要抓住其中的诀窍：了解对方的兴趣，针对他所喜欢的话题与他聊天。你希望周围的人喜欢你，你希望自己的观点被人采纳，你渴望听到真正的赞美，你希望别人重视你……然而，己所不欲，勿施于人。那么让我们自己先来遵守这条法则：你希望别人怎么待你，你就先怎么待别人。

千万不要等你事业有成，干了大事业后再开始奉行这条法则，因为那样你永远不会成功。相反，只要你随时随地遵循它，它就会为你带来神奇的效果。

王小平是国际企业战略网调研部的一位员工，有一次，她受部门经理的安排，要给一家大型公司作市场报告，她在接到部门经理的安排后，就开始着手这方面的工作。为了在规定的时间内完成工作，她知道她所要的资料只有从这家公

司的董事长那儿才能获得，于是她就前去拜访这位董事长。当她走进办公室时，一位女秘书从另一扇门中探出头来对董事长说："董事长，今天音乐会的票已经售光了。"

"我儿子很想看明天晚上七点将在国家大剧院的音乐会，我正在想办法为我儿子买票呢！"董事长对王小平解释道。

那次谈话很不成功，董事长不愿意提供任何资料。王小平回来后，感到无比沮丧。然而幸运的是，他记住了女秘书和董事长所说的话，于是她就到了国际企业战略网公关部，问她们是否有明天晚上七点国家大剧院的音乐会门票。出乎意料的是，公关部的一位员工满足了她的要求。

第二天王小平又去了，她到了前台，给董事长打电话说，她要送给董事长的儿子一张今天晚上七点在国家大剧院演出的音乐会门票。董事长高兴极了，用王小平的原话地说："即使参加奥运会开幕式也没有这样激动！他紧紧地握住我的手，满脸笑容说：'噢，王小姐！谢谢你，我的儿子一定高兴极了，我敢相信，当他知道我已经找到了这张门票的时候，他一定会非常兴奋！'董事长不断地说着类似的

话，兴奋地把门票放在自己的嘴上亲了亲。"

　　整整十分钟，他们都在谈论着这张门票。然后，奇迹出现了：没等王小平提醒，董事长就把她需要的资料全都提供给了她。不仅如此，董事长还打电话找人来，把其他的一些相关事实、数据、报告、信件全部提供给了王小平。

　　我国明代文学家屠隆在《续娑罗馆清言》说："情尘既尽，心境遂明，外影何如内照；幻泡一消，性珠自朗，世瑶原是家珍。"意思是说，只要放下对尘世的眷恋之情，那么心灵之镜就会明亮澄澈，从外部关注自己的形象，不如从内部进行自我省察，驱除庸俗的念头；只要看破实质，打消对如梦幻泡影一样的世事的执着之念，那么自身天性就会像明珠一样晶莹剔透，熠熠生辉，要做世间少有的通达超脱之人，最关键的还是要保护好自家内心的那一份淡然。

　　美国著名总统林肯就把那些对自己刻薄恶意的批评写成一段话，这段话被后来的英国首相丘吉尔裱挂在了自己的书房里。林肯的这段话是这样说的："对于所有恶意批评的言论，如果我对它们回答的时间远远超过我研究它的时间，我们恐怕要关门大吉了。我将尽自己最大的努力，做自己认为是最好的，而且一直坚持到终点。如果结果证明我是对的，

那些恶意批评便可不去计较。反之，我是错的，即使有十个天使为我辩护也是枉然啊！"

人人都有发表批评意见的权利，不管是对还是错，这是你不能阻止的。有时"旁观者未必清"，他们的批评和立场是以他们自己的观点来说事，所以，我们要排除这些不公正的恶意批评对自己的心情的影响。

美国总统罗斯福的夫人曾经这样告诉成人教育家卡耐基：她在白宫里一直奉行的做事准则就是"只要做你心里认为是对的事"，反正是要受到批评的，做也该死，不做也该死，那就尽可能去做自己认为应该做的事情，对一切非议一笑了之，再也不去想它。这才是做事情成功的关键。

不与他人斗气

在工作中，我们每一个人都希望受到他人重视、尊重和欢迎，但偏偏难免有时又会被人嘲弄、受人侮辱、被人排挤……工作给予我们报酬的同时，也给了我们很多伤心与不满。

在工作中，难免要与他人磕磕碰碰，但如果一味地不理智，工作不开心不说，说不准工作会遭殃。我工作着，我快乐着，就要能够很坦然地面对发生的一切，不要为一点儿小事火上心头。很多时候，发怒的人往往都是因为自己的小肚鸡肠，为小事去斤斤计较，于是在他们身边便经常发生一些你死我活的激烈斗争。当然，也有的为争职位的高低，有的是争薪水的多少，还有的是为争风吃醋……不论是哪一种，生气都是对自己工作的一种摧残，它会使人一味地工作在抱怨和苦恼中。有的人还会因此大声地哭诉上司对他的不公，长期沉溺其中而不能自拔，终日被泪水和无奈的情绪包围着。其实，这样的人是在与自己斗气。

仔细想来，生气往往就是用抱怨、折磨的方式对待自己，这只能徒增自己的痛苦，只会让自己坠落到更深更惨的深渊去罢了。因此，要心平气和地面对工作中一切不顺的事，并积极地使自己做得更好，用自己的乐观和智慧化解烦恼。也只有这样，一个人才能积极进步，每一天都过得充足而快乐，富有激情。

在工作中，我们常常会看到这样一些人，他们往往会因一时之气，说出这样的话：

"我不为五斗米折腰，我不干了！"

"这个破工作，我不干了！"

"这样不公平，我不干了。"

可是，一句"我不干了"的话，它不能保全你已丧失的人格，不能换回他人对你的尊敬，不会为你带来更高的收入和更多的财富……夫妻斗气，会妨碍家庭幸福；同事斗

气，会影响工作；公司斗气，会互相毁灭；国家斗气，会引发战争。人为斗气而投入时间、精力、金钱，得到的可能是伤心、伤身和颓废，于是聪明的人是不会用斗气去解决问题的。所以，人在不顺心的时候，我们就要把那些偏气、脾气和傲气这些令自己斗气的因素都收敛起来，鼓足力气去争气，这样，你的生活会是另一个样子。

儿子烦闷地对父亲说："我要离开这家破公司，我恨这个公司！"

父亲建议道："我举双手赞成你报复！一定要给公司点颜色看看。不过你现在离开，还不是最好的时机。"

儿子问："为什么？"

父亲说："如果你现在走，公司的损失并不大。你应该趁在公司的机会，拼命去为自己拉一些客户，成为公司独当一面的人物，然后带着这些客户突然离开公司，公司才会受到重大损失。"

儿子觉得父亲说得非常在理。于是努力工作，事如所愿，经过半年多的努力工作，他有了许多的忠实客户。

这时父亲对儿子说："现在是时机了，要辞职就赶快行动。"

儿子淡然笑道："老总跟我长谈过，准备晋升我做总经理助理，我暂时没有离开的打算了。"其实这也正是父亲的初衷。

所以，最好的办法就是不与工作中苍白的部分去斗气，而是自己争气，想办法去做好一天中该做的事。这样，在知识、在智慧和在实力上，使自己每一天都能有所成长，自己的实力在每一天得到壮大。此所谓斗气不如争气，这会让自己做得更好。以自身发展来强大自己，完成自我的辉煌，这就在客观上已经斗败了"对手"。

俗话说，人争一口气，佛争一炷香。只有争气才不会被人看淡看扁，命运掌握在自己手里，一个人如果把精力总是用于互相攻讦，互相排挤，这样最后会两败俱伤。所以英文中生气是Anger，危险是Danger。生气与危险只有一个字母之差，若一味沉于生气中，即是站立在危险的边缘了，稍有不慎将会坠入无底深渊而万劫不复。

《三国演义》中的曹操是一代枭雄，当他兵败华容道时，前有关羽拦截，后有追兵，情况异常险恶，稍有不慎就会被生擒活捉或被诛杀于马下。但曹操是见识过大阵势的

人，他不甘心被活捉，更不情愿血染沙场。他深谙关羽有爱讲江湖哥们义气这一弱点，脑瓜一转进而声泪俱下，苦苦哀求关云长放他一马，最终险处逃生。

　　曹操如果当时以英雄自居——英雄是不会轻易屈服的，总讲"脑袋丢了碗大的疤"的豪气，他就会蛮冲蛮杀。如此，曹操就会是另一种结局了。的确，斗气往往是人很自然的反应，可是斗气只能带给人一时心理的发泄，但对工作并没什么实质性的帮助。因此，在遇到一些事的时候，要学会与生活斗智。在面对困局时，自己应多动脑筋，善于筹划出良策妙计来破解难题，这样才能使事情发生逆转，向好的方向发展。

　　生气只是对工作无奈的发泄，争气却能将工作做好；生气伤身，丑化灵魂；而争气补益，健全心智。斗气会使人气度变小，忘记了"气"之外还有更重要的事和更广阔的天地。所以，"斗气，智者不为也"。

不要过于敏感

过于敏感常产生于性格内向、心胸不够宽广者，他们总爱以想当然去观察周围的人和事，并自以为是，结果心里总有难解的一堆乱麻。应该说，过于敏感是一种不良的心理素质，如不加以克服，不仅会影响工作、学习，还会影响身心健康，造成人际关系紧张。

首先，不要妄加推测别人对你的评价。在日常生活中，要用平常的心态和信任的眼光看待周围的人和事，不要总觉得时时处处都有人在注意你，认为别人和你作对，把一般事看得过大。

其次，期望值要适度。过于敏感的人，往往心理压力过大，急于追求成功，而常常又遭受一些磨难和挫折。因此，你每做一件事，在确定目标、对预期结果进行设想时，注意不要把期望值定得过高，要把各种不利的因素充分考虑进去，留有一定的余地。

最后，心胸要宽广。遇事应乐观一些，大度一些。每天将自己陷在烦恼的琐事之中，又怎么能有精力去干一番事业呢？

小史是一位公司职员。前不久，公司经理在职工会议上不点名地批评了一些不好的现象，小史认为是对着自己来的。于是，小史饭也吃不好，觉也睡不好，闹得身心疲惫。

小史的这种经历，许多人也曾有过。这在心理学上称为"神经质"。虽然它不是什么大毛病，但这种过于敏感常给人带来不愉快的情绪，甚至烦恼。

"神经质"的人心里总有难解的一团乱麻；也有的人是因为追求成功的愿望太迫切，致使对人对事都很敏感，过分看重别人对自己的评价，往往将一些鸡毛蒜皮的小事总存在心里，患得患失，斤斤计较。

应该说，过于敏感是一种不良的心理素质，如不加以克服，不仅会影响工作、学习，还会影响身心健康，造成人际

关系紧张。

　　要克服"神经质"，首先不要妄加推测别人对自己的评价。不要总觉得时时处处都有人在注意你，认为别人在和你作对，把小事看得过大或把自己幻想出来的感觉当成真事，免得为自己增加不必要的心理压力。

　　性格内向的李小姐觉得自己是个喜欢独处的人，不能很好地融入集体中，对在工作中如何才能处理好人际关系方面的问题非常苦恼。她该怎么办？

　　每个企业都有自己的优势和劣势，每个同事都有独特的优点和缺点，要多看到企业能够给你的一面，看到企业和周围同事能让你学到的东西，这样就会干劲十足。最重要的是学会忍耐，千万不要用你的习惯去改变环境，而是要学会入乡随俗，适应新的环境。不管进入的公司如何，只有两个选择：要么在忍耐中逐步快速融入，快速了解公司环境、上级、同事，最后，在企业对你认识和了解后，找到你适合的位置；要么就是走人。在竞争如此激烈的今天，在自己还没有任何工作经验的时候，显然，前者更加可行。

　　所以，要学会磨炼自己的心理素质，包括认知素质、情感素质、意志素质与个性素质。在这些素质中，认知素质影

响人的智力发展水平、思维水平，情感素质、意志素质影响个人的成就动机、情绪的管理水平，个性素质影响人的气质和人格特征。

如果你认为在工作的时候只有你独自处理才能保持很高的工作效率，并且你的同事也这么认为的话，你就不必勉强自己非与他人合作。只是在工作不是很紧张的情况下，试着与同事们合作一下，也许你会惊喜地发现"团结就是力量"的说法真的是很有道理的。总之，要走出自闭，搞好人际关系就要勇于尝试。

小萌毕业后，来到一家中型企业工作，在同学中，算是出来较早的一个。刚来那几天，充满着好奇，充满着骄傲。可是没几天，开始不喜欢这个企业了，觉得与自己理想中的企业相差太远，好多事情都与自己设想的不一样。说管理正规吧，自己看还有好多漏洞，说不正规吧，劳动纪律抓得又太严，自己觉得很不舒服。于是，心态变坏，感到不愉快。与一个同来的伙伴常发牢骚，说：这个企业怎么浑身是毛病，干得真没意思。不知怎么传到上司耳朵里，还没等到小萌对这个企业真正有所认识，就被炒了鱿鱼。开始小萌还满不在乎，觉得反正自己也没看好他们，走了无所谓，可是，当她再次在求职大军中奔波了三个月，还没找到好于这样"浑身是毛病"企业的时候，她心中才感到有些后悔，心想如果下次再有类似那个公司的企业接纳自己，一定接受教训，好好干。

在工作以外，生活中你清高也好，孤傲也罢，喜欢独处是你个人的事情，别人无权干涉。但在工作中，不得不与人打交道，所以必须学会改变自己，尝试主动与同事们多交流、沟通，最大限度地求同存异，尽可能地融入集体中。这样不但有利于提高单位的工作效率，也有利于你个人才能的尽情发挥。其实做到与同事打成一片并不难，只要你待人真诚、友善，就会发现原来每个人都十分渴望被别人接受和了解，渴望得到他人的友爱和帮助。

第四章

胸怀宽广成大事

胸怀宽广成大事

　　在生活中，心胸狭隘的人成就小事，这叫小人得志，但是要想做一番大事业，简直是天方夜谭、痴人说梦。因此，只有敞开胸怀，才能收获非凡的成就。

　　爱因斯坦说："对于我来说，生命的意义在于设身处地替人着想，忧他人之所忧，乐他人之所乐。"一个人只有学会宽容，才有包容万物的气度，他的胸怀便如大海般宽广，任波浪滔天，一切尽在掌握。宽容是每个成大事的人应该具有的素质，他可以吸收所有人的力量而为我所用，他可以集合所有人的智慧铸就自己的辉煌。

　　拿破仑在长期的军旅生涯中养成了宽容他人的美德。作为全军的统帅，少不了训斥部下，但他每次都能照顾到士兵的情绪。他对士兵的这种尊重，也使整个军队更加团结，手下的将领也更愿意为他卖命，而这种凝聚力也让他的军队成为一支攻无不克、战无不胜的劲旅。

　　在一次战斗中，拿破仑夜间巡岗时发现一名巡岗士兵倚着旁边的大树睡着了。他并没有责骂他，也没有将他叫醒，而是拿起他的枪替他站起了岗。士兵醒来后见到主帅，心中十分恐慌，急忙向拿破仑请罪，但拿破仑却很和蔼地对他说："你们作战很辛苦，又走了那么远的路，打瞌睡是可以原谅的，但是目前一疏忽就有可能送了你的小命，我不困，所以替你站了一会儿，但下次一定要小心。"

　　正是因为拿破仑的这种宽容，让他在士兵中树立了很高的威信，所以他的士兵才可以横扫欧洲，建立了法兰西帝国。

　　在中国古代史上，唐朝的地位是不可忽视的，具有深远的影响力。至今，海外华人聚居地仍然习惯上称为"唐人街"，唐装仍然作为一种时尚的潮流长盛不衰。从古至今，还没有哪个朝代的影响可以像它那样深远。至今，人们嘴里

仍然喊着"梦回唐朝"以示对那个朝代的怀念。而所有的这一切都离不开这个朝代的缔造者——唐太宗李世民。

李世民是我国帝王史上最为有名的君主之一，他开创了一个黄金时代，使我国的封建社会达到了顶峰。身为一代明主，在他身上有着其他君主很少有的品质，这就是宽容、博大。

玄武门之变后，李世民登上了帝王的宝座，当时许多人主张把建成与元吉的党羽斩尽杀绝，但李世民没有这么做，而是以高祖的名义下令招抚人心，得到了像魏徵、王圭等这样的名臣。而这些人也的确不负唐太宗的厚望，对朝廷鞠躬尽瘁，从而开创了唐初的清明盛世。

太宗皇帝的文采也很高。中秋之夜，太宗皇帝在后宫大宴群臣，借着酒兴，自己赋了一首宫体诗，然后交与众人品评。没想到大臣虞世南当众劝李世民不要作这样的诗，因为诗作的内容并不高雅，若民间也争相效仿，到时奢靡之风定会盛行，而这种风气对国家的安定繁荣是不利的。当时太宗皇帝兴致正浓，没想到当众被泼了一盆冷水，其难堪可想而知。但是太宗皇帝并没有生气，反而因为虞世南的大胆直言而奖励了他。

　　唐太宗的书法也写得十分漂亮，尤其擅长飞白书。一次大宴群臣，酒酣之际，众大臣向太宗皇帝索要墨宝，太宗写完之后便童心大发，将纸高高举起令众人争抢。众大臣也忘了礼数，刘泊居然跳上了龙椅一把将字抢了过来。龙椅是古代帝王的象征，代表着皇帝至高无上的权威，是不允许任何人侵犯的。有些头脑清醒的大臣立刻意识到了事情的严重性，刘泊也意识到自己闯了大祸，酒醒了一大半。谁知太宗皇帝却没有治他的罪，而是半开玩笑地问他有没有扭伤脚，当时的气氛立刻缓和了下来，大臣们又尽兴玩乐起来。

　　在历史上，太宗皇帝一直以善于纳谏著称。对于古代君王而言，尽管个个标榜从谏如流，但是真正懂得忠言逆耳这个道理的却不多见。太宗皇帝之所以能做到这点，就是因为他拥有其他帝王难以企及的宽广心胸。

　　太宗皇帝宽广的胸怀，在对待少数民族的政策上再一次体现出来。唐朝是一个多民族的国家，但是各民族却可以和睦相处，这与太宗皇帝开明的统治是分不开的。他不但制止了少数民族的骚扰，还恢复了同西域及中亚、西亚国家人民

交往的通道，使唐朝的影响力远播到世界各地。

对于少数民族首领，唐太宗也体现出了难得的宽容和信任。当时，不少部落首领甚至被允许在长安任职，不少将领成了军队的首领，几乎参与了所有的战争。有的少数民族将领甚至还在禁军中担任要职，负责保卫整个皇宫的安全。而这些少数民族将领，也无不尽心竭力，为缔造盛世唐朝做出了不可磨灭的贡献。在中国帝王史上，也只有唐太宗才有这样的心胸，因此，也只有他才创出了令常人难以企及的万古基业。当时的长安城，不仅是各民族的大都会，也是世界性的大都市。唐朝以泱泱大国的气度，征服了周边国家，形成了万国来朝的局面。

一个人的胸怀，决定一个人的气度；一个人的气度，又决定了一个人的作为。无论是谁，要想成功，就要获取别人的帮助，这就需要我们学会容人。如果你心中只有自己，那么能利用的也只有自己，就算你再有才华，也难以做出多么辉煌的业绩。只有敞开胸怀，以一种包容的心态接纳一切，我们才有望取得成功。

宽广，就要求我们要学会宽容，可以原谅曾经伤害过

我们的人或事。一个人最大的痛苦不是遭遇痛苦，而是让自己沉浸在痛苦中不能自拔。所以，不如给别人一次改过的机会，而自己也可以收获一份平静，何乐而不为呢？

宇宙由于宽广，所以才有了众多的生命，这个世界才充满了生机；大海因为宽广，所以才可汇聚涓涓细流，才有了波浪滔天的壮观；胸怀只有宽广，才能集聚众人的智慧，才能成就一番伟业。

豁达

　　有一位哲人说过：宽容和忍让的痛苦，能换来甜蜜的结果。能否原谅曾经反对过自己的人，是能否做到成功用人的一个重要方面。对于现代的领导者来说，要想吸引能人，做到成功用人，就必须要有宽大的胸怀，要具备宽容体谅反对者的素质。对于一个企业家而言，如果其具有不计前嫌的胸襟，直接关系到他能否纳才、聚才和用才，而且也关系着企业的发展前途。因此，一个优秀的领导者对于有才华的反对者就应以宽广的胸怀、大度的气量主动去接近、重用他们，让他们感受到你的爱才之心和容才之量，从而使他们改变对

你的态度，并愿意为你所用；同时，也让你更富有吸引优秀人才加盟的个人魅力。

在唐朝时期，有一个吏部尚书，胸怀宽广，心境豁达，满朝大臣都对他敬重有加。

他有一匹皇上赐予的好马和一副马鞍。一次，他的部属没有和他商量，就骑着他的好马出去了。不巧的是，那个部属不小心把马鞍摔坏了。部属吓得不知所措，只得连夜出逃。

吏部尚书了解事情的经过后，马上让人把他找了回来。当然，所有的人都为那个部属捏了一把汗，但出人意料的是，吏部尚书笑了笑对他说："皇上的赏赐只是对我的能力的认可，而并非是一个马鞍。你又不是故意弄坏了马鞍，完全不必像犯了滔天大罪似的逃跑。"

还有一次，吏部尚书在一次战争中得到了许多稀世珍宝，回来后，他就拿出来与大家一起欣赏把玩，其中一个非常漂亮的玛瑙盘，被一个部属不小心摔了个粉碎。这个惹了大祸的部属吓得立刻跪了下来赔罪，但吏部尚书却宽容地对他说："你不是故意的，你没有错啊！"大家见吏部尚书一脸轻松的表情，一颗悬着的心总算落了地，而且对他更加敬佩。

　　面对繁杂的大千世界，宽容是居高位者所必备的素质，对于所谓的"异己"，如果在不涉及大是大非的前提下，就应该不去打击、贬抑、排斥，而是应该学会宽容、包容、赞美和与其和谐共处，有如文中的吏部尚书一样。

　　心胸狭隘的人，往往不会相信任何人，也得不到朋友的关怀和友谊，因此人生的路也就会越走越窄。有句话说：化干戈为玉帛者是机智坦荡之人，化仇恨为友情者是胸怀博大之人。忍一时风平浪静，平息一点点怨恨，都会使你终身受益。

　　在三国时期，一次，袁绍发布了一个讨伐曹操的檄文，在檄文中，曹操的祖宗三代都被袁绍骂了个畅快淋漓。

　　曹操看了檄文之后，问手下的人："这是谁写的？"手下的人认为曹操一定会雷霆震怒，于是小心翼翼地说："听说是陈琳写的。"出人意料的是，曹操竟对檄文赞赏有加："陈琳这小子的文章还真不赖，骂得痛快。"

　　后来发生了官渡之战，袁绍大败，陈琳也被曹操的兵士们捉住。陈琳心想，当初自己把曹操的祖宗都骂了，这次必死无疑。然而，曹操不仅没有杀陈琳，而且还让他做自己的文书。一次，曹操开玩笑说："你的文笔是不错，但你在檄

文中骂我就可以了，为什么还骂我的父亲和祖父呢？"

后来，深受感动的陈琳为曹操出了不少好计策，使曹操颇为受益。

曹操作为乱世枭雄，面对死对头陈琳的陈年老账不仅不治罪，甚至还加以重用，其心胸之宽广可见一斑。众多贤才良将居于曹操麾下也就不难理解了。

具有宽容心的人，心大，心宽。但宽容的人，绝不是那种佝偻着背、委曲求全的"君子"。当然，宽容是一种心智极高的修养，也是一种理念，是一种至高的精神境界，说到底是对待人世的一种态度。苏东坡一生颠沛流离，也是"卒然临之而不惊，无故加之而不怒"。

凡是宽容的人都比较乐观豁达，他们对任何事情能够看得开，想得远，还能够对别人的不同意见从理解的角度出发，尊重别人的不同想法，从不把自己的观念强加于人，从不是那种"顺我者昌，逆我者亡"的极端个人主义。宽容的人能够给予别人思考和表达见解的权利，宽容将会导致和谐和进步。

一个人要想成功，就不要只想着自己，不要只顾及自己的感受，也要从别人的角度来进行换位思考，从不同角度多为别

人着想，对别人宽容大方。这样做了，别人也会将心比心，你一旦需要帮忙也会得到他们的支持，成功就将离你不远。

在这个竞争激烈、商业味十足的社会里，合作无时无处不在，要想合作成功，就不要拘泥于对方的缺点，也不要太过于计较利益，只要能够"互惠互利、合作共赢"就可以了。如果你一直是个"个性十足"的强硬派，丝毫不肯宽容退让，而失去了合作，错失了生意良机，到头来吃亏的还是你自己。即使面对一个经常反对、掣肘你的人，哪怕是你的竞争对手，你也要保持一颗宽容处之的心，最后往往会"化干戈为玉帛"，说不定还会成为你的嫡系和死党。因为你要知道，如果一味针尖对麦芒的话，实质上是自己给自己过不去，生气烦恼的是自己，这无异于给自己制造麻烦，于人于己没有任何好处。

富兰克林说："宽容大度的人应当坦露自己有一些缺点，以便使朋友们不致难堪。"如果一个人不能有宽广的胸怀，不能虚怀若谷，他就不会知道别人的见解和想法，也不会吸收别人的优点和长处，他们会处在一个闭门造车的境地，失败对于他们来说是不可避免的。只有宽容的人，才能够善于完善自身的发展和提高素质。

宰相肚里能撑船

"肚内能放一座山，才算英雄汉。"一个人的心胸决定着他所取得的成就。我们常说"宰相肚里能撑船"，是说当宰相的人其性格中必须具备相当大的气量。

李世民并非唐朝开国皇帝，但他却取得了不朽的业绩。他一手构建了盛世唐朝的框架。在我国历史上，出现的明君不少，开明盛世的也不少，但是却没有一个朝代可以像唐朝这样影响深广。这一切，都与唐朝的缔造者——唐太宗李世民的功绩是分不开的。

玄武门之变后，李世民除掉建成和元吉，成为大唐的皇

帝。当时，秦王府的许多将领主张将建成与元吉一网打尽。但李世民却没有这样做，而是以高祖皇帝的名义诏赦天下。原秦王府的旧部对他这一做法十分不解。一次太宗皇帝在九成宫宴请近臣，有的大臣说："王圭、魏徵等人以前是建成的亲信，我们看到他们如同看到仇人，实在不愿与他们共聚一堂。"太宗说："魏徵等人过去确实是我的仇人，但他们能为当时的主人尽力工作，这并没什么不对，桀犬吠尧，各为其主，这是可以原谅的。"并说自己之所以重用他们，也是看重了这点，只要自己真心对待他们，他们自然也会对自己尽心竭力。如此仁慈地对待自己仇人的君主，历史上恐怕也只有太宗皇帝一个人才做得到。且不说对待自己的仇人了，许多皇帝对自己的开国功臣都大加杀戮，如汉朝的开国皇帝刘邦，还有明朝的朱元璋，龙椅刚刚坐稳，便对自己以前的那些功臣大开杀戒。而"杯酒释兵权"的赵匡胤跟他们比起来也已经算是仁慈多了。太宗皇帝的仁慈也换来了这些人的效忠，使他获得了魏徵、王圭、韦挺等这样的杰出人才。

　　从这一点，我们就可以看出太宗皇帝的过人之处。他用

宽广的胸怀开创了"贞观之治"。

懂得宽容的人，胸怀就会像大海一样宽广，他们会汇聚起所有的力量而为我所用。毕竟，一个人的力量是有限的，只有众人的力量才是无穷的。心胸狭隘，不能容人，就会使自己陷入孤立之中，最终的结果只能是失败。

"以小人之心，度君子之腹。"尽管心胸狭隘的人不一定是小人，但是他们经常患得患失，无中生有，疑神疑鬼，草木皆兵。

有个人在夜里做了一个梦，在梦里，他见到一位头上戴着白色帽子、脚上穿着一双白鞋、腰间佩带着一把黑剑的壮士，壮士大声责骂他，并把口水吐到他的脸上……于是他从梦中惊醒过来。

第二天，他闷闷不乐地对朋友说："从小到大，我还没有受到过别人的欺负。但是昨天夜里在梦中却被人辱骂，还吐了我一脸的口水，我咽不下这口气，一定要把这个人找出来，否则我就不活在这个世界上了。"

从此，每天一早起来，他就站在人山人海、熙来攘往的十字路口，寻找梦中的仇人。半年过去了，他依然没有找到

梦里的那个人，但内心的仇恨却越来越深。

　　后来，他竟然自杀了。

　　其实，这个自杀的人，正是因为自己不够宽容，在心里积聚了太多的仇恨，而这些仇恨又转化为毒素，最终把自己活活地给毒死。

　　所以，无论做人还是做事，我们都应该学会宽容。宽容会让我们的生活更加和谐，也会让我们的事业更加成功。

海纳百川

　　"海纳百川，有容乃大，壁立千仞，无欲则刚。"只要大家少一点儿心浮气躁，多一点儿包容之心，任何不快都可以避免。其实忍一时风平浪静，退一步海阔天空，又何必为了一点儿小事儿怀恨不已呢？这样做不仅对他人不利，对自己也是一点儿好处都没有。

　　有一只蚌在水中畅游的时候，一粒沙子不经意进入了它的体内，从此它的苦难便开始了，那粒沙子不断磨着它的肉体，它在痛苦中挣扎着，终于有一天，那粒沙子竟然变成了一颗晶莹透亮的珍珠。

包容苦难的结果使一只伤痛的蚌变成了一只高贵的蚌，所以命运是公平的，没有什么好抱怨的，如果有，那就该抱怨我们对待生活的方式，用一颗温柔之心去包容生活中的苦难，就会把痛苦变成美丽的点缀，柔弱的蚌包容和改变着那粒沙子，最后使它成为自己身体里最美好的一部分。每个人的心中都有一粒沙子，日夜折磨着疲惫的生命，而有多少人能对那粒沙子报以宽容的一笑呢？

　　小洛克菲勒在1951年的时候，还是科罗拉多州一个不起眼的人物。当时，发生了美国工业史上最激烈的罢工，并且持续两年之久。愤怒的矿工要求科罗拉多燃料钢铁公司提高薪水，小洛克菲勒正负责管理这家公司。由于群情激奋，公司的财产遭受破坏，军队前来镇压，因而造成了流血，不少罢工工人被射杀。

　　那样的情况，可说是民怨沸腾，小洛克菲勒后来却赢得了罢工者的信服。他是怎么做到的呢？小洛克菲勒花了好几个星期结交朋友，并向罢工代表发表谈话。那次的谈话可称之为不朽，不但平息了众怒，还为他自己赢得了不少赞赏。演说的内容是这样的：

　　这是我一生中最值得纪念的日子，因为这是我第一次有幸能和这家大公司的员工代表见面，还有公司行政人员和管理人员。我可以告诉你们，我很高兴站在这里，有生之年都不会忘记这次聚会。假如这次聚会提早两个星期举行，那么对你们来说，我只是一个陌生人，我也只认得少数的几张面孔。由于上星期以来，我有机会拜访附近整个南矿区的营地，私下和大部分代表交谈过。我拜访过你们的家庭，与你们的家人见面，因而现在我不算是一个陌生人，可以说是朋友了。基于这份相互的友谊，我很高兴有这个机会和大家讨论我们的共同利益。由于这次会议是由资方和劳工代表所组成的，承蒙你们的好意，我得以坐在这里。虽然我并非股东或劳工，但我深感与你们关系密切。从某种意义上说，也代表了资方和劳工。

　　正是这篇出色的演讲，使小洛克菲勒和劳工化敌为友。假如小洛克菲勒采用另一种方法，与矿工争得面红耳赤，用不堪入耳的话骂他们，或用话暗示错在他们，用各种理由证明矿工的不是，你想结果如何？只会招惹更多的怨愤和暴行。

　　不过，每个人都不是完美的，都会说错话，也会做错事。如果一个人对自己做错的事却不知道悔改，就不会进步，当然对自己的成长也就非常不利。如果你想赢得人心，首先要让他人相信你是最真诚的朋友。那样就像有一滴蜂蜜吸引住他的心，也就有了一条坦然大道，通往他的内心深处。当然，宽容是有条件的，还记得农夫与蛇的故事吗？冬天，农夫发现一条冻僵了的蛇躺在地上，他很可怜它，便把它放在自己怀里。蛇苏醒了过来，恢复了它的本性，于是，咬了它的救命恩人一口，夺走了农夫的命。农夫临死前说："我该死，我怜悯恶人，应该受到恶报。"这个故事说明，即使对恶人仁至义尽，他们的邪恶本性也是不会改变的。所以，我们的宽容并不是纵容。

　　著名作家李奥·巴斯卡力之所以取得了卓越的成就，完全得益于小时候父亲对他严格的教育，因为每当他吃完晚饭时，他父亲就会问他："李奥，你今天学了什么？"这时李奥就会把在学校学到的东西告诉父亲。如果实在没有什么好说的，他就会跑进书房拿出书学习一点儿东西告诉父亲后才上床睡觉。这个习惯一直到他长大后还保持着，每天晚上他都会让自己学到一些东西才肯上床睡觉。

　　"人至察则无徒"，你对他人的宽容，其实也就是在欣赏这个人的优点。一个不会欣赏他人优点的人，是不能与他人很好合作的，这样也就不会很好地利用别人的优点。不会宽容他人的人很容易抓住别人的缺点不放，这样活着不仅对他人是一种最深的伤害，对自己也是一种折磨。假如你愿意让自己快乐，让别人快乐，那就应该学会宽容。而且，当你这么做了，你也会得到别人的加倍补偿。

　　宽容能赢得一切。对我们的朋友宽容，可以获得珍贵的友谊；对我们的亲人宽容，可以获得宝贵的亲情；对我们的同事宽容，可以获得良好的人际关系；对那些对我们造成伤害的人宽容，可以收获一份安然、宁静与快乐。心理学家认为：适度宽容，对于改善人际关系和身心健康都是有益的。大量事实证明，不会宽容别人，处处斤斤计较，也会对我们自己的心理健康造成不利的影响，因为那样会使自己经常处于一种紧张状态之中。由于内心的矛盾冲突或情绪危机难于化解，极易导致内分泌失调，继而会引起一系列生理上的疾病。而一旦宽恕别人，心理上便会经过一次巨大的转变和净化，这对生活、学习以及事业发展都将起到很大的帮助。

宽容构建融洽的环境

安妮·韦斯特曾说："心灵总是具有宽容的力量。"有句谚语说："能宽容他人，就能结束争吵。"

单位里调来一位新主管，据说是个能力很强的人，专门派来整顿业务的；可是日子一天天过去，新主管却毫无作为，每天彬彬有礼进办公室后，便躲在里面难得出门，那些本来紧张得要死的坏分子，现在反而更猖獗了。

他哪里是个能人呀！根本是个老好人，比以前的主管更容易唬！

四个月过去，就在大家对新主管感到失望时，新主管却

发威了——坏分子一律开除，能人则获得晋升。下手之快，断事之准，与四个月前表现保守的他，简直像换了一个人。

年终聚餐时，新主管在酒过三巡之后致辞："相信大家对我刚到任期间的表现和后来的大刀阔斧，一定感到不解，现在听我说个故事，各位就明白了：我有一位朋友，买了栋带着大院的房子，他一搬进去，就将那院子全面整顿，杂草和树一律清除，改种自己新买的花卉，某日原先的屋主来访，进门大吃一惊地问：'那最名贵的牡丹哪里去了？'我这位朋友才发现，他竟然把牡丹当草铲了。

后来他又买了一栋房子，虽然院子更是杂乱，他却是按兵不动，果然冬天以为是杂树的植物，春天里开了繁花；春天以为是野草的，夏天里成了锦簇；半年都没有动静的小树，秋天居然红了叶。直到暮秋，他才真正认清哪些是无用的植物，而大力铲除，并使所有珍贵的草木得以保存。"说到这儿，主管举起杯来："让我敬在座的每一位，因为如果这办公室是个花园，你们就都是其间的珍木，珍木不可能一年到头开花结果，只有经过长期的观察才能识别。"

在现实生活中，也许我们感到被某同事说的话所伤害；也许我们感到被人利用；也许我们的自尊被伤害，因为在工作或人际关系中，我们被认为理应如何如何。无论原因是什么，由于我们感到委屈，我们可能会带着怨恨的情绪工作。旧日的委屈、怨恨和不平，可能使你感到眼前的一切似乎都没法容忍。

一位从日本战俘营死里逃生的人，去拜访另一个当时关在一起的难友。

他问这位朋友："你已原谅那群残暴的家伙了吗？"

"是的！我早已原谅他们了。"

"我可是一点儿都没有原谅他们，我恨透他们了，这些坏蛋害得我家破人亡，至今想起仍让我咬牙切齿！恨不得将他们千刀万剐。"

他的朋友听了之后，静静地应道："若是这样，那他们仍监禁着你。"

每一个人都可能遇上类似的事，如果把它始终记在心上，那么这种不幸会永远跟着你，即使你遇上高兴的事儿，其兴奋程度也会大打折扣。如果非要给宽恕找个理由，那么

最好的理由就是：让自己的心灵获取自由。"宽容使给予者和接受者都受益。"

要是我们都怀有一颗宽容的心，就算双方之间存在着很深的误会，也会渐渐地消除，并最终得到彼此的原谅。

早年在美国阿拉斯加的地方，有一位农夫，他的太太因难产而死，遗下一孩子。

他忙于农活，又忙于看家，因没有人帮忙看孩子，就训练一只狗，那狗聪明听话，能照顾小孩，咬着奶瓶喂奶给孩子喝，抚养孩子。

有一天，主人出门去了，叫狗照顾孩子。

他到了别的乡村，因遇大雪，当日不能回来。第二天才赶回家，狗闻声立即出来迎接主人。他把房门打开一看，到处是血，抬头一望，床上也是血，孩子不见了，狗在身边，满口也是血，主人发现这种情形，以为狗的野性发作，把孩子吃掉了，大怒之下，拿起刀来向着狗头一劈，把狗杀死了。

之后，忽然听到孩子的声音，又见他从床下爬了出来，于是抱起孩子，他看到孩子虽然身上有血，但并未受伤。

他很奇怪，不知究竟是怎么一回事，再看看狗身上，腿

上的肉没有了，旁边有一只死狼，口里还咬着狗的肉；狗救了小主人，却被主人误杀了，这真是天下最令人遗憾的误会。

由此可以看出，误会的事，往往是在人们不了解、无理智、无耐心、缺少思考、未能多方体谅对方不能反省自己、在感情极为冲动的情况之下发生的。

误会一开始，即一直只想到对方的千错万错；因此，会使误会越陷越深，弄到不可收拾的地步，人对无知的动物小狗发生误会，都会有如此可怕的严重后果，如果是人与人之间的误会，则后果更是难以想象。

宽容是理解周围的种种纷争而心绪平衡，是容人一切是是非非。乔治·赫伯特说："不能宽容的人损坏了他自己必须走过的桥。"这句话的智慧在于，宽容双方都受益。当真正宽容产生时，没有怨恨留下，没有伤害，只有愈合。宽容是一种医治的力量。宽容可以构建一个融合的环境，让大家处在和谐的状态下，共同进步。

心中有爱

　　一家房地产公司想购买一块地皮，但被一位性格倔强的老太太一口拒绝，这位老太太正是这块地皮的主人。但是，出乎意料的事情发生了。一个天寒地冻的下午，老太太恰好路过这家房地产公司的门前，她想顺便劝那个总经理"死了这条心"。她推开门，发现里面收拾得十分干净整洁。她觉得自己穿着脏鞋子走进去不合适，正在这时，一位年轻的姑娘笑容满面迎上来。姑娘毫不犹豫地脱下自己的拖鞋给老太太穿上，然后像亲孙女一样挽扶着老太太慢慢上楼。穿着带有姑娘体温的拖鞋，老太太瞬间改变了坚决不卖地皮的初衷。

　　这位姑娘并不认识老太太，而且她也看出来老太太 既不是来洽谈业务的客户，也不是来审查的政府官员。给予每一位来访者体贴和关怀，也许仅仅是出于一种职业的需要，但里面包含了她善待任何一个人的爱心。

　　我们一定要相信这世界还有爱，我们只有加入传播爱的队伍，才会慢慢发现，爱拥有传染的魔力，她可以波及任何人的心灵，即使是那些所谓的坏人，在他们灵魂深处也保留着一块温软的园地，可以感受爱，可以感动。我们都是平凡的人，要想靠我们单个人的力量去改变这个世界，那是根本不可能的。但我们每个人都可以做到尽自己的微薄力量去帮助那些最需要帮助的人，如果我们每个人都这样做了，我们的爱就会让这个世界充满温暖。

　　马克思说过："如果你的爱没有引起对方的爱，也就是说，如果你的爱没有造就出爱；如果你作为爱者，通过自己的生命表现未能使自己成为被爱者，那么你的爱就是无力的，你的爱就是不幸的。"是的，如果不是心中充满阳光，如何能予人温暖？如果你不是心中充满仁慈，如何能予人感动？如果不是心中充满真爱，又如何能予人幸福？只有拥有一颗既能被他人所感动，同时又能感动他人的心灵，才是真

正可贵和可爱的。必须先在内心深处感受到爱，然后才能爱其他的人。

在孔子的思想里，"博爱"贯穿始终。孔子的这种智慧在中国历史上曾起到了积极的作用。同样，法国启蒙思想家伏尔泰曾强调过博爱精神。可见"博爱"不仅是一种社会伦理，更是人类本身最高贵的生活观。它的光芒可以给世界每一个阴暗的角落带去光明和温暖。这正如艾伦·佛罗姆说："爱是一种能力，是一种能去爱并能唤起爱的能力。"

20多年前，有位社会学的大学教授，曾叫班上学生到巴尔蒂尼的贫民窟，调查200名男孩的成长背景和生活环境，并对他们未来的发展做出一个评估，每个学生的结论都是"他们毫无出头的机会"。

25年后，另一位教授发现了这份研究，他叫学生继续调查，看昔日这些男孩今天是何状况。结果根据调查，除了20名男孩搬离或过世，剩下的180名中有176名成就非凡，其中担任律师、医生或商人的比比皆是。

这位教授在惊讶之余，决定深入调查此事。他拜访了当年曾被评估的几位年轻人，跟他们请教一个问题，"你今日

能够取得成功的最大原因是什么？"结果他们都不约而同地回答："因为我遇到了一位好老师。"

这位老师目前仍健在，虽然年迈，但还是耳聪目明，教授找到她后，问她到底有何绝招，能让这些在贫民窟长大的孩子个个出人头地？

这位老太太眼睛中闪着慈祥的光芒，嘴角带着微笑回答道："其实也没什么，我爱这些孩子。"

由此可见，没有什么比爱可以让一个人显得更具有人性魅力。我相信生活中像这位老太太的人还有很多。他们有着海一样宽广的胸怀，他们不会因为任何原因不接纳他人的存在；他们不会在别人最需要帮助的时候躲避他们，他们更不会因为怀有粉饰嘴角的目的去帮助别人以换取自己的美名。如果我们每个人都能爱护自己，爱护自己善良、朴实的天性，爱护自己懂得爱并珍惜爱的心灵，让自己的内心始终保持一块纯净生动、仁爱无私的净土，永远不放弃对真诚的情感、对善良的天性、对美好的人生毫不犹豫、执着坚定地追求，即使我们不能使所有人的世界变得更美好，至少也可以使自己的世界更美好。

第五章

忍让是智慧

人在屋檐下，岂能不低头

中国有句老话："人在屋檐下，岂能不低头。"这句话如果我们从其有益的一面理解，正好说明了"忍"在客观现实中于我们不利时的积极作用。这时的"忍"不是怯懦，而是胸襟大度的表现；这时的妥协也不是失败，而是成功的积蓄。从这个角度来讲，顽强执着是一种人生智慧，而忍让妥协则是另外一种智慧。

大家都知道，两点之间线段最短，但是，当我们站在人生的起点想要达到目的时，我们要走的路可能大多数时候不会是直线。所以，我们心里尽管会充满着成功的渴望，但我

们也只能迂回前进，忍耐急于求成的急切心理，否则就很可能招致失败。

汉代韩信"胯下受辱"的忍让故事尽人皆知。韩信出身贫寒，曾经饥一顿饱一顿在淮阴街头蹒跚，如同乞丐。有一天，韩信走到一座小桥上，迎面来了一个无赖，堵住了他的去路，并羞辱他说："韩信，你整天带着刀剑，其实你是个胆小鬼。"韩信没有理会他，想从桥的右边走过去，但无赖挡住了右边；他要从左边走过去，无赖又挡住了左边。这时，围观的人群越来越多，无赖更神气了，他说："你若是有种就拿起刀，往我的身上捅一刀，没有这个胆量，你就从我的裤裆下面爬过去算了。"没想到，韩信真的从他的裤裆下面爬了过去。虽然当时在场的人都笑他无能，但智者能忍天下难忍之事，只要你学会忍让，即使再高明的激将法，在你的面前都会失去它的效力。后来，韩信果然辅助刘邦立下了汗马功劳，成为历史上有名的军事家。

清朝康熙年间，当朝宰相张英的"忍"历来也为人所称道。

一日，张英接到远在安徽桐城的一封家书，信上写着：邻居修缮老屋，占用了张英家的地皮。为此，张母修书要张

英出面干预。张英看罢来信，立即提笔写诗劝导老夫人："千里家书只为墙，再让三尺又何妨？万里长城今犹在，不见当年秦始皇。"张母见诗明理，立即将好端端的院墙拆除并退后三尺。邻居见此情景，深感惭愧，也马上把墙退后三尺。这样，在两家的院墙之间，就形成了六尺宽的巷道，从此便有了千古流传的"六尺巷"。

"争一争，行不通；让一让，六尺巷。"

到了近代，香港影视界巨子、邵氏兄弟电影公司的创办人邵逸夫的"忍"更是堪称后人学习的典范。

有一次，在邵氏公司举行的一次盛大的酒会上，文化界、工商界的名流们以及走红的影视明星们齐聚一堂，邵氏公司的当家花旦、电影红星林黛及其母亲也应邀出席了酒会。

席间，大家都开怀畅饮，相互敬酒，气氛很是热闹。邵逸夫自忖不胜酒力，凡是遇到有人向他敬酒，他都会礼貌地回避。这时，林黛的母亲也举起酒杯向邵逸夫敬酒，可能是邵逸夫精神不集中没有注意到她，所以没有"接招"。林母面带怒气又带醉意，踉踉跄跄地走到邵逸夫跟前，猛地将杯里的酒全泼到邵逸夫——这位炙手可热的大老板的脸上。

　　顿时，全场变得死一般沉寂，林黛则大惊失色，忙起身向邵逸夫赔罪。

　　在众目睽睽之下，邵逸夫尊容受辱，难免恼羞成怒，真想当众将林母逐出酒会。但他并没有发作，只是"嘿嘿"一笑，然后又一边拍西装上的酒水一边若无其事地说："老太太是喝醉了，大家千万别见怪，请继续喝酒吧！"

　　邵逸夫一句轻描淡写的话不仅给公司明星林黛及其母亲当众留了面子，又对这一突发事件打了个很好的圆场，同时也不至于使自己精心操办的酒会不欢而散，真可谓是一箭三雕，一石三鸟！

　　这件事以后，林黛深深感念邵逸夫对自己的厚爱，自觉欠下笔难以名状的人情账，此后为邵氏公司忠心耿耿效力到死。她还曾这样对人说："邵老板这样做，对我来说是一份永远也还不清的人情账呀！从此以后，只要邵老板在世，我是永远也不能离开他的邵氏公司的！我要用自己的演技来报答他。"

　　有时学会深藏你的拿手绝技，你才可永为人师。因此你演示妙术时，必须讲究策略，不可把看家本领都通盘脱出，

这样你才可长享盛名，使别人永远唯你马首是瞻。在指导或帮助那些有求于你的人时，你应激发他们对你的崇拜心理，要点点滴滴都展示你的造诣。含蓄、节制乃生存与制胜的法宝，学会忍耐是走向成功的一大方法，在重要事情上尤其如此。

能忍者，方为人上人

中国有句老话："能忍者，方为人上人。"坚忍是人们战胜困难、奋起前行、走向成功彼岸的强有力保证。古往今来，凡能成大事者，无不是能忍常人之不能忍，能吃常人不能吃之苦的坚忍之士。

在春秋战国时期，"战国四君子"之一的孟尝君，担任过齐国宰相，声望极高。他养了许多门客，有一位门客与孟尝君的妾私通。于是有人将此事报告给孟尝君说："他身为主人的门客，不但不知恩图报，而且还暗中和主人的妾私通，应当将他处死。"孟尝君听后淡然地说："喜爱美女是

人之常情，以后不必再提了。”

　　一年后，孟尝君召来那位门客，对他说："你在我门下已经有一段时间了，到现在还没有适当的职位给你，心里很不安。现在卫王和我私交很好，不如你到卫国去做官吧，我替你准备上路的车马银两。"

　　这位门客果然受到了卫王的赏识和重用。后来齐国和卫国关系紧张，卫王想联合各国攻打齐国，此人则劝谏卫王说："臣之所以能到卫国来，全赖孟尝君不计臣的无能，将臣推荐给大王。臣听说齐卫两国早已在先王的时候，就订下和约，双方永不相互攻伐。而陛下却想联合其他国家来攻打齐国，这不但背弃了盟约，还辜负了孟尝君的友情。请陛下打消攻打齐国的念头吧。不然，臣愿死在大王面前。"

　　卫王听后很佩服他的仁义，便顺了他的意，打消了攻打齐国的念头。齐国的人听后赞颂道："孟尝君可谓善为事矣，转祸为安。"

　　"君子受人滴水之恩，当涌泉相报。"孟尝君正是因为平日的宽容大度，没有计较生活小事而获得食客的忠心，从

而使齐国转危为安。而孟尝君的宽阔胸襟凭借什么？就是凭借了一个"忍"字。

《菜根谭》中说："语云：登山耐侧路，踏雪耐危桥。一耐字极有意味。如倾险之人情，坎坷之世道，若不得一耐字撑持过去，几何不堕入榛莽坑堑哉？"它告诉我们，不仅登山踏雪需要这个忍耐的"耐"字，当我们接触复杂的人情社会时，如果没有这个"耐"字，也很容易遭到丧身之险。"耐"字，其实质就是"忍耐"，就是"忍"。

"十年河东，十年河西。"目前虽然处于不幸的环境中，但是终究会有峰回路转的一天，以此来不断地提醒自己忍受现在的痛苦，等候时来运转。这种对前途抱乐观的希望使得忍耐有了价值。所以忍耐是有目的的，等待着"柳暗花明"的这一天，否则就毫无意义可言了。

自古人生多劫难，谁都会有不顺心的时候，都有遇到逆境的时候，其实这是促使自己身心成熟、准备宏图大展的机会。韩信忍受了巨大的"胯下之辱"，而后被刘邦封为大将。司马迁同样在遭受酷刑后，以巨大的忍耐力，顽强地抵抗不幸的痛苦，终于完成了旷世巨著《史记》。

那些处于人生逆境中的人们，最大的败笔是惊慌失措、毫无主见和丧失信心。如果你陷入了其中的一项，你不仅不会脱离逆境，而且你的劣势还会扩大，甚至使你永不翻身。身陷困境最好的方法是要平静而耐心地等待时机。

　　"伏久者飞必高，开先者谢独早，知此，可以免蹭蹬之忧，可以消躁急之念。"就是说长期潜伏在林中的鸟儿，一旦有机会展翅高飞，必然一飞冲天；那些迫不及待而开放的花朵，必会早早凋谢。如果能了解这个道理，就会明白做事焦躁是无用的，只要能储备精力，重展身手的机会一定会来临。因此，身处逆境之中的人能够忍耐持久才是最重要的。只有抱着这种信念，最终才会领略到人生的辉煌。

忍耐是一个人的修养

忍耐是人的一种意志，是人的一种品质，忍耐反映出来的是人的修养。一个有修养的人，必定具备忍耐的意志和品质。在通常情况下，人们认为好汉不吃眼前亏。真正的好汉关注的是长远的根本利益，而不会执着于眼前的祸福吉凶。

有一句话说："吃得苦中苦，方为人上人。"忍耐也是一种苦，这种苦有时候是身体上遭遇的困苦，有时候是感情上被人伤害屈辱。比起身体遭受的困苦来说，精神的折磨要苦得多，因为它考验着一个人的意志力和承受力。

战国时，有一个名叫苏秦的人，自幼家境贫寒，温饱

难继。为了维持生计，他不得不时常变卖自己的头发和给别人做短工。但苏秦却怀有一番大志，他曾离乡背井到齐国拜鬼谷子为师，学习游说术。一段时间之后，苏秦看到自己的同窗庞涓、孙膑等都相继下山求取功名，于是也告别老师下山，游历天下，以谋取功名利禄。

苏秦在列国游历了好几年，但却一事无成，连盘缠也用完了。无奈之下，他只好穿着破衣草鞋，挑副破担子，垂头丧气地踏上了回家之路。

等苏秦回到家时，已是骨瘦如柴，全身破烂不堪，满脸尘土，狼狈得如同一个乞丐。苏秦的父母见他这个样子，摇头叹息；妻子坐在织机旁织布，连看都不看他一眼；哥哥、妹妹不但不理他，还暗自讥笑他不务正业，只知道搬弄口舌；苏秦求嫂子给他做饭吃，嫂子竟不理睬，自顾扭身走开了。

亲人的冷眼相待让苏秦无地自容，但他一直想游说天下，谋取功名，于是便苦苦请求母亲变卖家产，然后再去周游列国。

母亲狠狠地骂了他一顿："你不像咱当地人种庄稼去养

家口，怎么竟想出去耍嘴皮子求富贵呢？那不是把实实在在的工作扔掉，去追求根本没有希望的东西吗？如果到头来你生计没有着落，不后悔吗？"哥哥、嫂嫂们更是嘲笑他"死心不改"。

这番话令苏秦既惭愧，又伤心，不觉泪如雨下："妻子不理丈夫，嫂子不认小叔子，父母不认儿子，都是因为我不争气、学业未成而急于求成啊！"

苏秦认识到了自己的不足后，扬名天下的雄心壮志仍然不改。于是，他便开始闭门不出，昼夜伏案发愤读书，钻研兵法。有时候，苏秦读书读到半夜，又累又困，不知不觉伏在书案上就睡着了。等醒来时，他都会懊悔不已，痛骂自己无用。可又没什么办法不让自己睡着，有一天深夜，苏秦读着读着实在倦困难耐，又不由自主地扑倒在书案上，但他的手臂却被什么东西刺了一下，于是便猛然惊醒了。苏秦抬眼一看，是书案上放着一把锥子。由此，他想出了一个不让自己打瞌睡的办法，那就是后来人们说的"锥刺股"：每当要打瞌睡时，就用锥子扎自己的大腿一下，让自己猛然"痛

醒"，保持苦读状态。他的大腿因此常常是鲜血淋淋，目不忍睹。

　　家人见状，心有不忍，劝他说："你一定要成功的决心和心情可以理解，但不一定非要这样伤害自己啊!"

　　苏秦回答说："不这样，我会忘记过去的耻辱。唯如此，才能催我苦读!"他还经常自勉说："读书人已经决定走读书求取功名这条路，如果不能凭所学知识获取高贵荣耀的地位，读得再多又有什么用呢!"想到这些，苏秦更加忘我地学习起来。

　　后来，苏秦又想出了另外一个防止打瞌睡的办法，晚上读书时，把头发用绳子扎起来，悬在房梁上，一打瞌睡，头向下栽，揪得头皮疼，他就清醒过来了。这就是成语"头悬梁，锥刺股"的由来。

　　经过一年多夜以继日、废寝忘食的"痛"读，苏秦的学问有了很大长进，他信心满满地说："这下我可以说服许多国君了!"

　　后来，苏秦到各国去游说，用自己的学问说服了当时

齐、魏、燕、赵、韩、楚六国的君王采纳他的意见，联合起来，共同对付强大的秦国。苏秦则独掌六国相印，可谓辉煌一时。

这个消息很快便传到了苏秦的家乡，他的父母兄嫂都后悔以前对苏秦的态度不好。听说苏秦要去赵国途经洛阳，全家人特地赶到洛阳城外30里的地方，把路扫得干干净净，准备了丰盛的酒宴，跪着迎接他。

"忍人所不能忍，方能为人所不能为"。懂得吃"眼前亏"，是为了不吃更大的亏，是为了获得更长远的利益和更高的目标。

王江民是KV杀毒软件的发明者，他40多岁到中关村创业，靠卖杀毒软件几乎一夜间就变成了百万富翁，几年后又变成了亿万富翁，他曾被称为中关村百万富翁第一人。王江民的成功看起来很容易，不费吹灰之力。其实不然，他经历了很多困难，还曾被人骗走500万元。

王江民3岁的时候患过小儿麻痹症，落下终身残疾。他从来没有进过正规大学的校门，20多岁还在一个街道小厂当技术员，38岁之前不知道电脑为何物。王江民的成功，在于

他对痛苦的忍受力。从上中学起，他就开始有意识地磨炼意志，比如爬山，500米的山很快就爬上去了；下海游泳，从不会游泳喝海水，到会游泳，再到很冷的天也要下水游泳，以此锻炼自己在冰冻的海水里的忍受力。他40多岁辞职来到中关村，面对欺骗，面对商业对手不择手段的打压，他都能够毫不动摇。

中关村有一个名人就是华旗资讯的老总冯军，他是清华大学的高才生，读大学时就在北京有名的秀水街当翻译赚外快。毕业后他找到了一份好工作，有机会出国，他却因为不愿意受管束而拒绝了。

一次，他用三轮车载四箱键盘和机箱去电子市场，但他一次只能搬两箱，他将两箱搬到他能看到的地方，折回头再搬另外两箱。就这样，他将四箱货从一楼搬到二楼，再从二楼搬到三楼，如此往复。这样的生活，有时会让人累得瘫在地上坐不起来，但更需要承受的是心理上的落差。一个清华大学的高才生，要成天做这样的事情，并不是一件容易的事。

冯军发达起来后，又遇到了新的难题，就是与朗科的优

盘专利权的纷争。邓国顺的朗科拥有优盘的专利，冯军的华旗却想来分一杯羹，邓国顺不答应，两家就起了纷争。冯军息事宁人想和解，天天给邓国顺打电话，但是邓国顺一听是冯军的声音就撂电话，逼得冯军不得不换着号码给他打。华旗在中关村虽然比不上联想、方正大名鼎鼎，可也不是籍籍无名之辈，作为一个老板能这样低声下气地求人，都是为了公司的生意，这就是创业者需要忍受的另一种精神折磨。

　　波斯的著名诗人萨迪说过："忍耐虽然痛苦，果实却最香甜。"所以，当我们身处逆境的时候，需要坚忍，才能磨炼意志；当我们遭遇失败时，需要坚忍，才能积蓄能量；当我们山穷水尽的时候，更需要坚忍，才能守得云开见月明。

化干戈为玉帛

　　"化干戈为玉帛者是机智坦荡之人，化仇恨为友情者是胸怀博大之人。"忍一时风平浪静，平息一点点怨恨，都会使人终身受益。

　　我们只要生存在社会，就要与各种各样的人打交道，这就免不了面临着与别人发生矛盾与冲突的可能。有的人能与交往的人平和地相处，有的人却与周围的人为鸡毛蒜皮的事而纷争不断，其间的界限从心理上说就是能忍与不能忍。

　　许多时候滋生于别人的某一句话、某一个动作、某一个眼神或某一件小事，这都有可能成为你斗气的导火索。面对

这些，有时你会假想别人是对你不尊重，假想别人是对你不利，假想别人是在攻击你。因此，你不要总是一本正经地对待小摩擦，不要一味地自以为是，这就会使你费神劳心，结果是自己跟自己过不去而斗气。假如你遇见一蛮汉、粗人而以拳头定输赢，动不动就跟人家比力气，甚至会打得你头破血流。所以在生活中，无论你有多么委屈，你都不要争一时之快，记住小忍人自安。

《三言二拍》里有这样一个故事：一老翁开了家当铺，有一年年底时，来了一人空着手要赎回当在这里的衣物，负责的管事不同意，那人便破口大骂，可这个老翁慢慢地说道："你不过是为了过年发愁，何必为这种小事争执呢？"随即命人将那人先前当的衣物找出了四五件，指着棉衣说："这个你可以用来御寒用，不能少。"又指着一衣袍说："这是给你拜年用的，其他没用的暂时就放在这里吧。"那人拿上东西默默地回去了。当天夜里，那人居然死在别家的当铺里，而且他的家人同那家人打了很多年官司，致使那家当铺家资花费殆尽。

原来，这人因为在外面欠了很多钱，他事先服了毒，本来想去敲诈这个老翁，但因为这个老翁的忍辱宽恕而没有得逞，于是便祸害了另一家人。有人将事情真相告诉了这个老翁，老翁说："凡是这种无理取闹的必然有所倚仗，如果在小事上不能忍，那就会招来大祸。"

要学会不在意，别总拿什么都当回事，别去钻牛角尖，别太要面子，别事事较真，别把鸡毛蒜皮的小事放在心上，别过于看中名利得失，别为一点小事而着急上火……动不动就大喊大叫，往往会因小失大，做人就要有"忍"的功夫。

人们总爱把大哲学家苏格拉底的妻子作为悍妇、坏老婆的代名词。据说，苏格拉底的妻子是个心胸狭窄、冥顽不灵的妇人。她经常唠叨不休，动辄破口大骂，常常使大哲学家窘困不堪。有一次，别人问苏格拉底："你为什么要这么个夫人？"他回头说："擅长马术的人总要挑烈马骑，骑惯了烈马，驾驭其他的马就不在话下。我如果还能受得了这样的女人的话，恐怕天下就再也没有难以相处的人了。"

所以，与难说话的人交往，从另一个角度说对自己也是一种历练。每一个人总会有这样或那样的缺陷，如果不知容忍，你就没办法与人相处。就是在街上也会无意中碰上鸡毛

蒜皮的事，人与人之间的矛盾、摩擦在所难免，你是咄咄逼人地斗气呢，还是息事宁人？退一步海阔天空更自在，进一步龙虎相斗两伤害。遇事彼此相让，矛盾就会消除在挥手之间。可现实中却有一些人好争一时之气，为本不足挂齿的小摩擦斗气，吵得不可开交，甚至刀棒相加，不惜轻掷血肉之躯，去换取所谓的"自尊"，这是多么的可悲可叹啊！

隋炀帝十分残暴，全国各地起义风起云涌，许多官员也纷纷叛变，转向投靠义军，因此，隋炀帝对朝中大臣易起疑心。

唐国公李渊悉心结纳当地的英雄豪杰，多方树立恩德，因而声望很高，许多人都来归附。同时，大家都替他担心，怕他遭到隋炀帝的猜忌。正在这时，隋炀帝下诏让李渊到他的行宫去晋见。李渊称病未能前往，隋炀帝很不高兴，多少产生了猜疑之心。当时，李渊的外甥女王氏是隋炀帝的妃子，隋炀帝向她问起李渊未来朝见的原因，王氏回答说是因为病了，隋炀帝不满地问道："那他就会死吗?"

王氏把这消息传给了李渊，李渊并没有与隋炀帝斗气，他以忍为上，从此做事更加谨慎起来，因为他知道自己迟早会为隋炀帝所不容，但过早起事又力量不足，只好隐忍等

待。于是，他故意败坏自己的名声，整天沉湎于声色犬马之中，而且大肆张扬。隋炀帝听到这些，果然放松了对他的警惕。这样，才有后来的太原起兵和大唐帝国的建立。

的确，生活中有时会遇到意外情况，这往往使你陷入尴尬的局面，这时，如能采取某些妥善措施，让对方面子上好看些，那是再好不过的事，这会使对方永远感激你。千万别为了一场小争执、一次小摩擦而斗气，毁了他人也毁了自己，那是毫无价值的。斗气通常是发生在一时之间，是人的不满情绪的流露，忍一忍就会心平气和。

工作中，我们会遇到不快：被上司责备，就觉得心里不舒服；自己的工资比别人低，觉得不公平；同事之间相处不好，觉得被排挤；每天加班无止境，觉得太委屈……不快乐的理由太多太多，我们要学会对其一笑了之，不要每天抱怨连天，要是斗气的心理在作怪的话，你就不会快乐，更会使你走向极端。俗话说，忍得一时之气，能解日后之忧。人们只要以律人之心律己，恕己之心恕人，保持宽心心态，就能做个心宽体胖、事事顺畅的人。

每个人都希望自己的每一天都能过得开心，可是既然是生活，就总会有一些小波澜的扬起、小浪花的飞溅。在这种

　　情况下，斤斤计较会让自己的日子过得阴暗、乏味，使自己的生活滑向苦闷的深渊。只有豁达的胸襟才能让每天的生活充满灿烂的阳光。

忍让的智慧

　　有人群的地方，就会有矛盾。人与人之间应相互尊重，相互谅解，同时，更应相互忍耐，平时不要因鸡毛蒜皮的小事而斤斤计较，常记得"忍一时之气，免百日之忧"和"退一步，海阔天空"的警句。忍耐告诉我们，不要因小失大，一个人在流言蜚语面前，在受到不公平待遇的时候，尤其是在身处逆境的时候，更要学会忍耐，要相信乌云遮不住太阳，是金子放在任何地方都会发光。有忍耐力才会把人与人之间的关系处理得更融洽。

　　生活需要弹性，而我们也要学会有退有进。退，不是放

弃，而是韬光养晦；退不是懦弱，而是勇者的一种智慧，忍一时风平浪静，退一步海阔天空，退是"退避三舍"避其精锐，然后直捣黄龙。

古来之圣贤，从官场之中退居后方，是为了再待时机。有些能人异士隐居山林，是为了等待圣明仁君。春秋时期，楚王的三子季札，因为贤能，父王要传位给他，而他却谦让说有长兄，应该由长兄继位。长兄去世后，国中大臣再次推举他为王，他说还有次兄；次兄去世后，全国人民一致推举他，希望他能够即位领导全国。"父死子承。"正是他这种迁让，留下了千古贤能之名。

可见退让不是没有未来，而往往是在另一方面更有所得。

一位留美计算机博士学成后在美国找工作。有个博士头衔，求职的标准自然不低。结果，他连连碰壁，好多家公司都没有录用他。想来想去，他决定收起所有的学位证明，以一种"最低身份"求职。

不久，他被一家公司录用为程序输入员。这对他来说简直是轻而易举，但他仍然干得认认真真，一点儿都不马虎。不久，老板发现他能看出程序中的错误，不是一般程序输入

员可比的。这时他才亮出了学士证书，老板给他换了个与大学毕业生相称的工作。

过了一段时间，老板发现他时常提出一些独到的很有价值的建议，远比一般大学生要强，这时他拿出了博士证书。老板对他的水平已有了全面的认识，毫不犹豫地重用了他。

不论是谁，人生中总难免身陷逆境，当你一时无力扭转面临的颓势时，那么最好的选择就是暂且忍耐。事物总是在不断地变化的，要学会在忍耐中等待命运转折的时机，不能忍耐的结果，往往是必须接受更长久的忍耐。

即使面对别人的侮辱和伤害时也需要忍耐，而不必急急忙忙以一种对抗的方式来证明自己并非软弱可欺。

能够吃苦耐劳、忍饥挨饿，能够在恶劣的环境下求生存，才能战胜困难，壮大自己。忍耐不是弱者的音符，它是强者的形象，是一个人对理想、目标追求的具体表现。只有耐得住寂寞，才能够抵抗各种诱惑，对理想信念永远不动摇，才能品味成功，品味"不经一番彻骨寒，怎得梅花扑鼻香"的滋味。

一般人对自己不满意时总认为自己情绪不够稳定，而且没有办法自我控制。有的人以为忍耐是不暴躁、不发怒，

而且要常常面带笑容，但内心却相当痛苦、忧伤，常弄得自己有点麻木。其实这不是忍耐，而是压抑，是逃避现实的表现。这样压抑下去，就会产生心理上的病态。一旦压制不住时，便会产生暴怒，大发脾气，或最终产生自卑自弃的心理，甚至导致身体出现各种疾病。这样的忍耐其实只是一种忍气吞声，把所忍的东西硬压下去。就如同把气体不断压入瓶子里，最终瓶子会爆炸或者会穿洞而漏气一样。这样的忍耐，是起不到什么作用的。没有正确地认识到忍耐的真正含义，就会被动地屈服，这样的行为我们是不提倡的。

忍耐不是单纯的品格个性，忍耐也包括一种智慧。学会忍耐，就是学会不做蠢事，就是学会不做那些一时痛快、后来又终身懊悔不已的事。忍耐不是逃避的托词，忍耐是意志的升华和为了使追求成为永恒。两者的区别是：忍耐在心灵上是从容的，逃避在心灵上是仓皇的；忍耐从不忘记责任和使命，逃避早已不知责任和使命为何物。善于利用忍耐有助于事态向好的一面发展，反之就会恶化。"逆来顺受""胆小怕事"的忍耐是愚蠢的，而韩信忍受"胯下之辱"之举无疑是智慧的。

冷静

一个人无论做什么事都要三思而后行。若是只凭自己的一时意气用事，就会造成不堪设想的后果。当你的判断不够准确或没有得到事实证明时，要有耐心地等待一段时间。多加考虑思索一番，千万不要草率行事。

齐达内把足球运动演绎得异常完美，原本已经要退役的这名老将为28届世界杯再次复出，这让无数球迷为之欢呼，这也是他最后一次向世人展示他的天赋。

在世界杯上一切都进行得那么顺利：漂亮的"勺子"点球，精彩的连过三人，以及在加时赛上还具有的惊人爆发

力，这无不让人惊叹赞许，足球在他脚下似乎和他是融为一体的。然而在世界杯的决赛上，却发生了让全世界为之震惊的一幕：齐达内用头猛烈地撞击在马特拉齐的胸膛上！这个举动招致了一张鲜艳的红牌，齐达内含着泪水从大力神杯旁走过时，每一位球迷都为之伤感不已！

第二天的各大媒体都热烈地讨论马特拉奇到底说了什么，让成熟且有经验的老手居然如此冲动。铺天盖地的报道都认为齐达内当时不够冷静，马特拉奇在"耍阴谋"并得逞了，他利用了齐达内的冲动，使齐达内这个法国队的核心下场，从而削弱了对手的战斗力并战胜了对手。但这也得归咎于齐达内的不冷静，逞一时之快，留下的是后患无穷，本来是自己完美的谢幕却毁于失控的刹那。人们在忧伤地送别齐达内的同时，他也为我们上了最后一课——人要冷静。

一个人生活在社会上，免不了会遭到不幸和苦难的突然袭击。有一些人，面对从天而降的灾难能泰然处之，能使自己平静待之；而有的人面临突变时会方寸大乱。为什么受到同样的打击，不同的人会产生如此大的反差呢？区别在于人们能否学会冷静应对各种突如其来的变故。

　　科学研究表明，因为过度紧张、兴奋，会引起脑细胞机能紊乱，人就会处于惊慌失措、心烦意乱的状态，这时更会缺乏理性思考，虚构的想象会乘虚而入，使人无法根据实际情况做出正确的判断。可当人平静下来，再看先前的不幸和烦恼时，你会觉得所有的恐怖与烦恼只是人的感觉和想象，并不一定全部是事实，实际情形往往总比人冲动时的想象要好得多。人陷于困境往往缘于自身，是对自己和现实没有一个全面正确的认识，在突变面前不能保持情绪稳定。因此，当你处于困境时，被暴怒、恐惧、嫉妒、怨恨等失常情绪所包围时，不仅要压制它们，更重要的是千万不可感情用事，随意做出决定。

　　比如，女人喜欢三五成群地一起出门购物，和一个女朋友出门的话，这个朋友就能给你好的穿衣意见，可是几个女人在一起时，冲动指数会以乘法增加。如果一个朋友抢先买下了你的理想衣服，另一个就可能耿耿于怀，强迫自己非买几件比别人好的才罢休。攀比时的脑袋是火热的，会给自己的购物冲动火上添油。冷静下来一看，说不定买的东西毫无价值。冷静的好处是，心态能在放松的情况下，独自理智地做一件事。犹如购物，别人买到的好东西是别人的，而你要

平静地找寻，说不定也会找到更适合自己的东西。

　　所以，冷静使人清醒，冷静使人沉着，冷静使人理智稳健，冷静使人宽厚豁达，冷静使人有条不紊，冷静使人心有灵犀，冷静使人高瞻远瞩。冷静与稳健携手，诸葛亮冷静、镇定，一座空城吓退司马十万兵；越王勾践冷静，反省卧薪尝胆图复国；鲁迅冷静，才有面对口诛笔伐"横眉冷对千夫指"的理智。但在不幸和烦恼面前，怎样才能使心冷静呢？

　　行之有效的办法不外乎是：尽情地从事自己的本职工作和培养广泛的业余爱好，暂时忘却一切，尽情享受娱乐的快感。只要你多给人们以真诚的爱和关心，用赞赏的心情和善意的言行对待身边的人和事，你就会得到同样的回报；要学会宽恕那些曾经伤害过你的人，别对过去的事耿耿于怀。宽恕，能帮助我们愈合心灵的创伤，相信自己的情感，千万不要言不由衷，行不由己，任何勉强、扭曲自己情感的做法，只能加剧自己的苦恼而使自己更冲动。

　　生活中有些人总是因为一些小事争执得你死我活，这样做值得吗？退一步，海阔天空。简简单单的七个字，蕴藏了多少人生哲理和经验？想一想，如果每个人都因为一点儿小事与亲人、朋友、同事大动干戈，伤了彼此间的感情与和气

不说，最后吃亏的还是自己。

　　所以，在面对生活时，人需要冷静；被人误解、嫉妒、猜疑时，人需要冷静；得意、顺利、富足、荣耀时，人需要冷静；面对金钱、美色、物欲的诱惑时，人需要冷静。我们应该学会用冷静的心态做事，这样做事才会更理智，才会增加成功的概率。

第六章

报复无益

上帝为你关了这扇门，却开了那扇窗

　　罗威尔说："幸运与不幸像把小刀，根据抓它的刀刃或刀柄，使我们受伤或得益。"也就是说，进步有一个准则，那就是不要为打翻牛奶哭泣。进步意味着允许犯错误，在错误中成长。这正如英国的戴维所说："我的那些最重要的发现是受到失败的启示而做出的。"

　　20世纪90年代，有一位泰国企业家玩腻了股票，他转而炒房地产，把自己所有的积蓄和从银行贷到的大笔资金投了进去，在曼谷市郊盖了15幢配有高尔夫球场的豪华别墅。但时运不济，他的别墅刚刚盖好，亚洲金融风暴出现了，他的

别墅卖不出去，贷款还不起，这位企业家只能眼睁睁地看着别墅被银行没收，连自己住的房子也被拿去抵押，此外，还欠了一大笔债务。

这位企业家的情绪一时低落到了极点，他怎么也没想到对做生意一向轻车熟路的自己会陷入这种困境。

他决定重新白手起家，他的太太是做三明治的能手，她建议丈夫去街上叫卖三明治，企业家经过一番思索答应了。从此曼谷的街头就多了一个头戴小白帽、胸前挂着售货箱的小贩。

昔日亿万富翁沿街卖三明治的消息不胫而走，买三明治的人骤然增多，有的顾客出于好奇，有的出于同情。许多人吃了这位企业家的三明治后，为这种三明治的独特口味所吸引，经常买企业家的三明治，回头客不断增多。不久，这位泰国企业家的三明治生意越做越大，他慢慢地走出了人生的低谷。

他的名字叫施利华，几年来，他以自己不屈的奋斗精神赢得了人们的尊重。在1998年泰国《民族报》评选的"泰国

十大杰出企业家"中，他名列榜首。

作为一个曾经有着辉煌经历的企业家，施利华引起人们的关注是很自然的事情，特别是在他发达的时候，平常人即使想见他一面，或许需要反复预约。上街卖三明治不是一件怎样惊天动地的大事，但对于过惯了发号施令生活的施利华，无疑需要极大的勇气。

人的一生总会遇到数不清的屏障，这些屏障一些是别人放的，它们不会以我们自己的意志为转移；而有一些是自己放的，比如面子和身份等，它们完全可以由我们自己来调节。生活最后还是成就了施利华，它不再是一个房地产商人，却培养出了一个三明治老板，使他的生活开始了新的成功。

莎士比亚认为，聪明的人永远不会坐在那里为他们的损失而悲伤，却会很高兴地去找出办法来弥补他们的创伤。在人生中，谁都要面对无数的变化和危机，这是人生常事。

世界最畅销的书——《谁动了我的奶酪》很有哲理，一旦当你拥有的"奶酪"变质或消失时，你能否像"嗅嗅"和"匆匆"一样坦然面对呢？相信不少人是属于那两个小矮人类型的，他们会一度陷入变化带来的恐惧、忧伤之中，或者有人能像"叽叽"那样最终战胜消极心态，走出痛苦和黑

暗，迎接新的黎明，但也不否认有人就如"哼哼"那样永远地处于悔恨、失望的泥沼中，不能自拔。

任何人的工作和生活都不可能是一帆风顺的，失误和过错总在不断地出现。但我们总不能在自己给自己做的茧里不断后悔，总不能困于泥沼中不能自拔，生活是不相信眼泪的，有些东西明明得不到，有些错误明明已无可挽回，又何苦耿耿于怀、不能释然？伤感也罢，悔恨也罢，所有的叹息，所有的抱怨都是徒劳无益、无济于事的，都不能使你改变过去、挽回错误，都不能使你更聪明、更完美，并且还可能会使事情变得更糟糕。当你失去了太阳，请不必哭泣，因为你在哭泣的时候，可能连月亮也失去了。

从另一个角度讲，我们要相信上帝是公平的，他关闭你的一扇门，就一定会给你开启另一扇窗。在造物者的眼里，一切永远都是开始。在唯物主义者的眼里，生活总是辩证的，失去是另一种获得，获得又是另一种失去，生活总在失而复得、得而复失中不断循环。你在某一件事、某一阶段的过错和失败，不代表你人生的全部失败。即使在某一方面很不如意，那也不是生活的全部，生活中还有许多更美好的东西、更崇高的理想，为什么不能以坦然、从容、豁达的心态

面对一切呢？拿得起，就要放得下，一切都是生活的一段经历而已，它让你开阔了眼界，增长了见识，锻炼了能力，磨炼了意志。

卡耐基在事业刚起步时举办了一个成人教育班，并且陆续在各大城市开设了分部。他花了很多钱在广告宣传上，同时房租和日常办公等开销也很大，尽管收入不少，但过了一段时间后，他发现自己连一分钱都没有赚到。由于财务管理上的欠缺，他的收入竟然刚够支出，一连数月的辛苦劳动竟然没有什么回报。

卡耐基很是苦恼，不断抱怨自己疏忽大意。这种状态持续了很长时间。他整日闷闷不乐，神情恍惚，无法将刚开始的事业继续下去。

最后，卡耐基去找中学时的老师，老师跟他说了一句话："不要为打翻的牛奶哭泣。"

聪明人一点就透，老师的这句话如同醍醐灌顶，卡耐基的苦恼顿时消失，精神也振作起来，又重新投入自己热爱的事业中去了。

后来，卡耐基常把这句话说给他的学生听，也说给自己

听："是的，牛奶被打翻了，漏光了，怎么办？是看着被打翻的牛奶伤心哭泣，还是去做点儿别的。记住：牛奶打翻已成事实，不可能重新装回瓶中，我们唯一能做的，就是找出教训，然后忘掉这些不愉快。"

不必把时间浪费在后悔中。犯错误和疏忽大意原因的确在自己，人的一生中，谁敢说自己从没犯过错误？就连拿破仑，这个不可一世的伟人，也在他所有重要的战役中输掉了三分之一。或许我们失误的平均记录并不比拿破仑更差，更重要的是，即使动用国王所有的兵马也不可能挽回过去。如果我们为打翻的牛奶哭泣，就如同我们向往着天边的一座奇妙的玫瑰园，却不注意欣赏就开放在我们窗口的玫瑰。我们总是不能及时领悟：生命就在生活里，在每天的每时每刻中。如果你心中对这个世界充满了不满，那么即使你拥有了整个世界，也会觉得伤心。

笑对人生

松下幸之助说："人的一生，总是难免有浮沉。不会永远如旭日东升，也不会永远痛苦潦倒。反复地一浮一沉，对于一个人来说，正是磨炼。因此，浮在上面的，不必骄傲；沉在下面的，更用不着悲观。必须以率直、谦虚的态度，乐观进取、向前迈进。"

1979年，台湾著名作家柏杨因为"美丽岛事件"被捕入狱，五年以后才被释放。五年的牢狱生活彻底地改变了他：把他从一个"火暴浪子"改变成为"谦谦君子"，他再也不像过去那样尖锐、激进，而是变得理性、温和。就连周围的

人都感到惊奇："现在的柏杨很有同情心，也知道替别人留余地，不像从前，总是那么火辣辣的。"

柏杨说自己的狱中生活："我也曾经怨过、恨过。回忆那段日子，我经常睡不着觉，半夜醒来时发现自己竟然恨得咬牙切齿，如此，前后大约持续了一年。"后来，他意识到不能这样继续下去，否则，他不是闷死，就是被自己折磨死。

然后，他坦然地面对一切，开始大量阅读历史书籍，光是《资治通鉴》就读了三遍。这些书籍给了他宝贵的精神食粮，从这些书籍中他领悟到：历史是一条长河，个人只不过是非常渺小的一点。他了解到，生命的本质原本就是苦多于乐，每个人都在成功、失败、欢乐、忧伤中反反复复，只要心中常保持爱心、美感与理想，挫折反而是使人向上的动力，甚至成为一种救赎的力量。

柏杨能够坦然地对待生活的坎坷，他没有耗费精力和生命去积聚那些只会变成尘土化作灰烬的东西，而是追求精神的收获和灵魂的坦然，最后他活出了人生的精彩。

坦然是一种心态、一种境界、一种状态，是意志的表现和毅力的释放，是经历了血与火，痛与苦、喜与悲之后的

一种大彻大悟，是一种对人对事的心境，是一种放松和宽容的感觉，也应该是一种接受现实的积极态度，一种明白、通融、大度的处世态度。

坦然给我们的生活多了一些理智，坦然使我们自然有序地应对世间发生的一切不幸，坦然的人会撑起宽广的胸怀包容一切不幸。他们得到不会忘形，失去不会消沉，清醒地总结过去，冷静地面对现在，自信地迎接未来，总有一种成竹在胸的心态。

世界很简单，复杂的是人；生活很轻松，沉重的是感情。人生坎坷，大道多歧，人人都会经历许多大悲大喜，或喜，或忧，或欣喜若狂，或悲极以泣。事实上，活得简单些，活得朴实些，精神的坦荡，比物质的丰足更珍贵、更难得。

帕格尼尼是一位世界公认的最富有技巧和传奇色彩的小提琴家，是音乐史上最杰出的演奏家之一。可以说，他的一生都是在幸运与不幸之中度过的。他3岁学琴，即显天分；8岁时已小有名气；12岁时举办首次音乐会，即大获成功。然而与此同时发生的是，他4岁时出麻疹，险些丧命；7岁时患肺炎，又差点夭折；46岁时牙齿全部掉光；47岁时视力急剧下降，几乎失明；50岁时又成了哑巴。

　　在他的一生之中，除了儿子和小提琴，几乎没有一个家人和其他亲人。可是，上帝却让他成了一个天才小提琴家。他的琴声几乎遍及了世界，拥有无数的崇拜者，他在与病痛的搏斗中，用独特的指法、弓法和充满魔力的旋律征服了整个世界。几乎欧洲所有文学大师如大仲马、巴尔扎克、斯汤达，都听过他的演奏并为之激动不已。著名音乐评论家勃拉兹称他是"操琴弓的魔术师"，歌德评价他"在琴弦上展现了火一样的灵魂"。李斯特在听过他的演奏之后，大喊道："天啊，在这四根琴弦中包含了多少苦难、痛苦和受到残害的生灵啊！"

　　有些时候，我们不得不承认，不幸是命运女神赋予一个人的另一种财富，只是这种形式很残酷，有的人能接受，有的人不能够接受。而一个人要想有所作为，就必须拥抱不幸，扼住命运的喉咙，这样才能走出不幸，开始自己崭新的生活。可以肯定的是，一个人曾有过不幸的经历，或正经历着不幸，并不是一件多么悲哀的事情，最大的悲哀是这个人一次性就被不幸击倒了，并且不试图去改变，龟缩在不幸的阴影下自怜自哀。

我们要学会坦然地面对人生，无论是人生的失败或者成功，都要有一种坦然的心态。人生在世，不能事事成功，也不可能事事顺利，当然我们的人生也不可能永远充满阴霾，也不可能永远辉煌。当我们成功的时候，不要沾沾自喜，说不定下一步就是我们所要面临的困境。当人生遭遇不幸的时候，也不要过分悲伤，总会有美好的时候。我们无论做什么，不妨坦然一些，成也自在，失也坦然。重要的是我们一定要保持一种乐观的心态，以积极的态度面对生活。

勇于面对挫折

卡耐基说："人在身处逆境时，适应环境的能力实在惊人。人可以忍受不幸，也可以战胜不幸，因为人有着惊人的潜力，只要立志发挥它，就一定能渡过难关。"

挫折会成为我们人生路上的绊脚石，也会成为我们前进途中的助推器，关键看你用什么样的态度去面对。古今中外，许多成功人士都把挫折当作一笔财富，因为挫折给了他们智慧，给了他们勇气，给了他们毅力。海明威说过："世界击倒每一个人之后，许多人在心碎之处坚强起来。"挫折就像是大海中的一块礁石，如果没有它，人生就不会击起美

丽的浪花。所以，在面对挫折时，我们要及时调整好自己的心态，将它由绊脚石变为垫脚石。

有人说，挫折是人生中的催熟剂，因为从挫折中走过来的人都会更加成熟、更加勇敢、更加充满智慧。但也有的人视挫折为人生最大的不幸，因为挫折会使人意志消沉，失去斗志。为什么同样的情况会有两种截然相反的观点呢？因为每个人承受挫折的能力不同。对于勇敢的人来说，挫折不仅不会成为他们前进道路上的阻碍，而且，还会成为磨砺他们，使其更加成熟和完善的一次机会。而对于懦弱的人来说，挫折却会让他们沉入失望的深渊中去。

罗曼·罗兰说过："人生就是战斗。"挫折是我们每个人前行路上都会遇到的，也是考验一个人智慧的终身课题。每个人都必须找到自己的排解方式，既不能逃避现实，也不能总是躲在阴暗的角落里自怨自艾。

爱因斯坦说过："一个人在科学探索的道路上，走过弯路，犯过错误，并不是件坏事，更不是什么耻辱，要在实践中勇于承认和改正错误。"对于挫折，我们应该采取一种正确的心态，将其向有利的方向转化。那么，我们应该如何来对待挫折呢？

第一，培养乐观自信的心态。乐观是人生的一剂良药，它可以让我们以一种更加愉悦的心情来面对生活中的各种困难。一个人的心态越乐观，那么他对困难的接受能力也就越强，他的行动也就会越积极，也就越能将问题解决。

乐观还可以防止我们产生自卑的心理。自卑是一种消极的心态，它会让我们不相信自己、怀疑自己，让我们在面对困难时失去勇气。而且自卑心理过重，还会让我们自暴自弃。据调查，许多有自卑心理的人都有自杀的倾向。因为他们的心理承受能力很弱，遇到困难就会怀疑自己。他们行动也比较缓慢，不会像乐观的人那样积极地想办法解决问题。

另外，就是建立自信。信心是一个人的精神支柱，它可以帮助我们更好地去面对困难。列宁说："自信是走向成功的第一步。"一个人没有信心就不能经受住生活中遇到的各种困难，就不会再有前进的动力和勇气。一个人只要不失去信心，就没有失败，就有扭转困境的机会，就能看到希望，对前景也就更加乐观，也会以更加积极的心态去摆脱困境。

第二，正视现实，适应环境。正视现实，就是要求我们要正确看待挫折与现实，保持良好的接触，只有这样才能够尽自己的最大能力去改造环境。另外，就是要学会调整自

己，因为外部的环境总是在不断地变化，如果我们不能根据环境的变化而调整自己，就肯定会碰壁。

这是我们避免挫折的一种办法，避免挫折也就是让我们少走弯路，让我们少犯错误。当然，这并不是教我们逃避困难，而是说我们应该尽量让自己减少失败的机会。我们只有根据不断变化的环境来不断调整自己的策略，才能够让自己少遭受挫折。

第三，增强承受挫折的能力。一个人的身体虚弱，通过锻炼就可以使之强壮。我们的思想也是可以通过锻炼而使其强壮起来的。一些喜欢从事冒险运动的人，他们承受挫折的能力就比常人强，因为他们通常都会面临很险恶的环境，也更加知道身临险境时该如何生存。所以，我们可以进行一些有针对性的锻炼，比如登山、跳伞等。而且，这也会使我们的身体得到锻炼。身体是承受艰苦生活和精神折磨的最根本的保证。一个人的身体状况好的话，那么在生活中面对困难时就会更加有勇气。而同一条件下，一个身体虚弱的人对挫折的承受能力就会差一些。

第四，多结交一些朋友。当一个人面临挫折的时候，他周围人的态度会对他产生极大的影响。如果周围的人都很积

极乐观，那么他自己也就变得更有勇气，可以重塑战胜困难的信心；如果周围的人幸灾乐祸、落井下石，那么他就会否定自己，不相信自己，行动也会变得迟缓消极。

　　另外，人类是群居动物，必须生活在一个群体中，获得信息，寻求帮助，发泄情感。当我们遭遇挫折时，就会产生悲观、失落的情绪，而这些情绪如果可以及时发泄出来，就可以保持我们心理的平衡，有益于身心的健康发展。而朋友会是我们一个很好的倾诉对象，他们也往往会给我们一些有益的指导，或者一些安慰，帮助我们及时调整到正常的状态中来。

　　第五，给自己制订正确的目标。有时我们之所以会遇到挫折，往往是我们把自己的实力估计得太高、把目标定得太高，超过了自身的能力，最后遭遇失败。所以，我们在给自己制订目标时一定要适度，既不能太高，也不能太低。目标太高，实现不了，会挫伤我们的积极性；目标太低，很容易达到，也失去了自我激励的意义。所以，制订一个正确的目标，也可以避免我们遭遇挫折。

　　孟子曰："天将降大任于斯人也，必先苦其心志，劳其筋骨，饿其体肤，空乏其身，行拂乱其所为。"挫折是人生

一笔宝贵的财富，经历一些坎坷是很正常的，没有经历苦难的人生是不完整的人生。如果你将过去的挫折看成是人生痛苦的回忆，而不是看作一笔宝贵的财富好好加以利用的话，你就是在白白浪费你的宝贵资本。俗话说，吃得苦中苦，方为人上人。只有正视挫折，勇敢地面人生中所遭遇的种种苦难，才能磨炼出坚定的意志，赢取辉煌的人生。

苦难能磨炼自己

　　美国作家布拉德·莱姆曾在《炫耀》中写道："问题不是生活中你遭遇什么，而是你如何对待它。"每一个胸怀大志的人，都不应该在面对困难的时候选择逃跑和放弃，而是应该在困难中得到磨炼，从而在失败中崛起、抗争，自强不息地走下去。

　　坚强的意志都是在苦难当中磨炼出来的，我们不要因为一时看不见成功就放弃了坚持，虽然我们还没有成功，可是我们在失败当中学会了磨炼自己，提高了我们战胜苦难的勇气。只要我们拥有了这种勇气，就一定能战胜苦难，赢得成功。

　　一位伟人说过："并不是每一次不幸都是灾难，早年的逆境通常是一种幸运，与困难做斗争不仅磨砺了我们的人生，也为日后更为激烈的竞争准备了丰富的经验。"

　　我国著名的电影演员上官云珠，原本在一家照相馆工作。一个极为偶然的机会，她被一位"星探"发现了，于是电影公司便登门聘请她担当一部影片的主要角色，甚至还把她的彩照登上了报纸。不料她第一次拍戏竟然站在镜头前浑身发抖，一句台词也说不出来。导演虽然十分耐心地对她进行启发，但每次她都是在那里抖个不停。就这样，她的第一次明星梦彻底破灭了。但是上官云珠不甘心，后来她又在另外的一部影片里争取到一个角色。可是当正式拍摄时，她那个临场紧张的毛病又犯了。这来之不易的第二次机会也浪费掉了。面对两次失败，上官云珠既没有自卑自责，也没有放弃自己的梦想，而是以一种积极进取的态度，认真分析失败的原因，她意识到临场发抖是因为自己缺乏表演基本功、心虚胆怯造成的。于是她便进入业余剧团，在舞台演出中磨炼自己的基本功，积累经验，准备东山再起。终于在1941年，上官云珠参加了《玫瑰飘零》影片的拍摄，大获成功，成为

家喻户晓的大明星。

美国作家爱默生说："每一种挫折或不利的突变，都带着同样或较大的有利的种子。"试想如果上官云珠没有经受失败，"顺利"地第一次拍摄就通过了，而其实她的表演基本功很差，那么她就可能只是一个昙花一现的"明星"，不会有其后来真正的辉煌。一个人不可能永远行走在成功的坦途上，总会有一段时间与失败握手，与失败同行。法国作家雨果说："尽可能少犯错误，这是做人的准则。不犯错误，那是天使的梦想。尘世上的一切，都是免不了错误的。"

失败，会让人更加清楚自己以后的路怎样走，怎样去远离失败。如果人明确了这一点，而且始终坚信自己的能力，那么这时候，失败就成了走向成功的机遇。

印度圣雄甘地曾经说过："矛盾和不幸并非是坏事。有什么样的经验，结果就成为什么样的人——失败的经验越丰富，一个人的个性就越坚强。"也正是在他的领导下，印度同英国殖民主义进行了多年艰苦卓绝的斗争，其间甘地多次被殖民者逮捕下狱。但这些没有使他屈服，而是更坚定了他斗争的勇气，直到印度获得了独立。

所以，失败完全可以视作是成功的前奏，是完善自我的

一种较为特殊的方式。只要我们在失败中真正地了解自己的不足，善加利用失败所带来的教训和经验，那么我们就会发现：失败其实并不是黑暗的低谷，而是黎明前的曙光。

可是，面对失败我们避之犹恐不及。难道还有谁会喜欢失败呢?更不要说是"屡战屡败"，就是一两次失败，也会让人觉得"大伤元气"。伴随着失败，人的自卑感逐渐弥漫开来。"我不行。成就大业，是那些有特殊才能的人或幸运儿的事，对我来说是高不可攀的……"于是有人自认无能，从生活的跑道上退到一边，去做一个看客。殊不知，生活不是游戏，所以根本也不会有"观众"的席位，那么等待你的也就只有失败了。

失败还会使人怯懦。正所谓"一朝被蛇咬，十年怕井绳"。从此有人就变得缩手缩脚，前怕狼后怕虎，再也不敢去冒哪怕一丁点儿险，成了十足的懦夫。有人甚至还幻想要是时间能够倒流，那么失败也就可以避免了。可是这世界上又何曾有后悔药可以买呢？他们总是盯着失败的伤口，看着它流血，却不知赶快去包扎，而是深深地陷入悔恨自责中不能自拔。

失败会让人觉得耻辱。在一些人的眼中，失败是件很没

面子、很不光彩的事情。让我们来看看这样一个笑话：一个老先生与别人下棋，三盘皆输，却还要嘴硬，称：第一盘，我差点儿赢；第二盘，他差点儿输；第三盘，我让他了。但他却死活不说"我输了"这三个字。难道失败真是这么令人讨厌吗？

明人洪应明说："恶劣的生存环境是锻炼英雄豪杰的熔炉和铁砧。能够经受它的锻炼的人，身心两方面都会受益；反之，身心则会受损害。"用现代的话说，洪应明讲了一个"钢铁是怎样炼成的"道理。

每个人都会遭遇失败，其实失败一点儿也不可怕，可怕的是我们不能在每一次失败中吸取教训。如果我们把失败看作一种磨炼自己的机会，那么我们经历的失败越多，内心就会变得越成熟。既然失败可以给我们带来好处，我们也就没必要害怕它，要正确认识它，学会在失败中磨炼自己。

幸与不幸只有一墙之隔

幸与不幸有时只是一墙之隔，关键看你如何看待。如果你把它看成压力，那你就真的很不幸；如果你把它看成财富，你其实也很幸运。

松下幸之助曾经根据自己艰苦的学徒生涯有感而发："人生没有百分之百的不幸：此一方面有不幸，彼一方面却可能有弥补。'天虽不予二物，但予一物。'人们不必去强求二物，只要把一物发展好，人生就相当幸福美满了。

"10岁之前，我还是个快乐的小女孩，到了10岁的时候，父亲病了，是癌症，我的生活也从此失去光明。父母去

省城看病，我一个人在家看家，于是小小年纪的我就开始学着照顾自己，饭要自己做，水要自己烧，晚上还要一个人守着空旷而寂静的房子，邻居说我真是个不幸的孩子；后来，父亲做完了手术在家养病，我放学之后还要做很多家务，嫩嫩的小手常常磨出水泡，妈妈说我真是个不幸的孩子；最后，父亲病逝，家道衰落，我一度面临失学的危机，老师们说我真是个不幸的孩子。

"13岁那年，我已被公认为是全村里最不幸的孩子了，可我并不为自己感到可怜，相反我把悲痛化为学习的动力，因为我知道那是我唯一的出路，是唯一可以拯救自己的稻草。妈妈说：'孩子，现在不能跟别人比了，因为你跟别人不同，你只能好好学习，这是你唯一的出路。'也就在那一年，我顺利地考上了县城的重点中学，学校里几十个学生中我是唯一考上的。那时我觉得自己很幸运。

"进入中学，生活更加困顿，我学习也更加刻苦，整个学校，我是穿得最烂、吃得最差的人，三年里我甚至没买过一支笔——那支出水的钢笔我用纸缠着接着用，墨水渗湿了

小手。而我的成绩却一直保持在整个班级的前三名，后来我考上县城的重点高中。那时，我觉得自己很幸运。

"一直到现在，我都感谢上天给我的不幸，使我从小磨炼了意志，学会在困境中奋进拼搏，从而有机会走出苦难的生活，向着人生中一个又一个的巅峰挑战。

"现实是不幸的，但正是这个不幸让我第一次感到生存的危机，激励我不能落后，只能奋进。"

人总是有一些缺陷的，因为人不是神，不可能是完美无缺的，因此也就不可能有100%的幸运和成功。同样，人生也总是有好运降临的，不会有100%的不幸。就某一件事情来说，看似不幸，但其中却可能有50%的福气在其中。例如有一个人缺了一条腿，平时他的活动当然很受限制，但是如果他上电车，大多数的情况下会都有人让座。如果他双腿齐全，那么可能就不会有人让座了。这是上帝弥补缺掉一只腿的不幸的人的一种行为，如果能这样想的话，就能明白这种缺陷也不见得全是一件坏事。如此看来，就没有所谓的100%的不幸。50%的不幸是存在的，可是在另一方面就会有50%的福分。

所以说，当我们遇到不幸的时候，我们也要注意到还有50%的幸福在等着我们。

莎士比亚曾充满深情地对一个失去了父母的少年说："你是多么幸运的孩子，你拥有了不幸。因为不幸是人生最好的历练，是人生不可或缺的生存教育，因为当你知道失去了父母以后，你就会更加努力了。"当时这个孩子正处于孤立无援的悲惨境地，他充满疑惑地看着这个给自己安慰的大师。40年以后，这个孩子——杰克·詹姆士，成为英国剑桥大学的校长、世界著名的物理学家。

像这样的故事举不胜举。英国女诗人勃朗宁夫人下肢瘫痪，这是她的不幸，但她的诗篇却使她赢得世界级声誉，全世界喜爱文学的人大都读过她的诗篇，这是她的幸运；俄罗斯大作家陀斯妥耶夫斯基，他的一生有一半的时间是在监狱和贫民窟里度过的，而且有一次还上了断头台，这是他的不幸，但他留存下来的著作，却令他享誉全球，这又是他的幸运；美国天才作家爱·伦坡，在有生之年，生活极其艰苦，而且常常挨饿，这是他的不幸，但今日，他的影响却是文学界无法磨灭的印记，这是他的幸运。

历史上遭遇不幸却做出惊人成就的人还有很多：双目失明而且耳聋的海伦·凯勒、10岁丧父的高尔基、落魄一生的画家凡·高……也许正是不幸，才让他们认真思考自己的人生，并且促使他们为了改变这种不幸境遇而不断追求，不断奋斗，最终取得了成功。

如果我们能够以这种辩证的观点来看待顺境和逆境，那么我们在遭遇一切大大小小的风雨时，便可以坦然面对。

泰然自若

　　给自己打开一扇窗，我们就会发现这个世界非常美好，如果我们把自己的心窗紧紧地封闭着，我们就会感到孤独恐惧，就不会得到发展。但是，在我们的现实生活中，最难看清的就是一个人的内心。

　　孔子说，人心比山川还要险恶，知人比知天还难。天还有春夏秋冬和早晚，可人呢，表面看上去一个个都好像很老实，但内心世界却包裹得严严实实，深藏不露，谁又能究其底里呢！有的人外貌温厚和善，行为却骄横傲慢，非利不干；有的貌似长者，其实是个小人；有的外貌圆滑，内心刚直；有的看似坚贞，

实际上疲沓散漫；有的看上去泰然自若，迟迟慢慢，可他的内心却总是焦躁不安。

姜太公也说过，人有看似庄重而实际上不正派的；有看似温柔敦厚却做盗贼的；有外表对你恭恭敬敬，可心里却在诅咒你，对你十分蔑视的；有貌似专心致志其实心猿意马的；有表面风风火火，好像是忙得不可开交，实际上一事无成的；有看上去拖拖拉拉，但办事却有实效的；有貌似狠毒而内心怯懦的；有自己迷迷糊糊，反而看不起别人的。有的人无所不能，无所不通，天下人却看不起他，只有圣人非常推崇他。一般人不能真正了解，只有非常有见识的人，才会看清其真相。

凡此种种，都是人的外貌和内心不统一的复杂现象。而这种现象往往也就会给我们带来巨大的错误，严重的还会让人丧命。

扁鹊是我国春秋时期的一位名医。一次他去拜见蔡桓公，站了一会儿，扁鹊说："您有病在表皮，不治恐怕要加深。"蔡桓公说："我没病。"扁鹊只好退出。蔡桓公对左右的人说，医生喜欢为无病的人治病，当作自己的功劳。过了10天，扁鹊又拜见蔡桓公说："你的病已到了肌肤，不治

将更深。"蔡桓公不理他。扁鹊叹气而出。又过了十天，扁鹊又来提醒蔡桓公："病已经到了肠胃了，不治将会很危险。"蔡桓公不听，还很不高兴。又过了十天，扁鹊见了蔡桓公，什么话也没说，拔腿就走。蔡桓公很奇怪，派人问扁鹊怎么回事。扁鹊说："病在表皮，热敷就可治；在肌肤，扎针可治；在肠胃，药剂可治；现在病已深入骨髓，就无法医治了。"

过了五天，蔡桓公的病开始发作，身体疼痛，赶紧派人去找扁鹊，扁鹊已经逃往秦国了。

就这样，蔡桓公因为讳疾忌医，断送了自己的命。

所以，一个人的内心世界怎样，就决定了他能做多大的事。自以为是的人头脑容易发热，他们往往充满梦想，只相信自己的能力和才干，从来就没有相信过别人的劝诫，这样的人，就像蔡桓公一样，认为别人的劝诫是在为他们表功，认为采纳了别人的意见就等于是对自己的否定和贬低。这些人迟早是要吃亏的，他们的固执已见恰恰证明了他们并不是真正的强者，正因为心虚，他们才不愿服输。而那些懂得做人之道的人，他们会有一颗安定的心，他们能够在社会群体中摆正自己的位置，他们认为他们的烦恼来自于内心的不安和狂热。他们认为如果一个人妄自尊大，把谁都不放在眼里，一切皆以自我为中心，那么他一定会一天到晚都被烦恼重重包围着。对于这样的人，他的生活就会受到束缚。其实越是伟大的人越是谦虚，人们也越会尊重他。

一切都是暂时的

　　普希金在一首诗中写道："一切都是暂时的，一切都会消逝；让失去的变为可爱。"有时，失去不一定是忧伤，反而会成为一种美丽；失去不一定是损失，反倒是一种奉献。只要我们抱着积极乐观的心态，失去也会变得可爱。

　　一位老人在行驶的火车上，不小心把刚买的新鞋弄掉了一只，周围的人都为他惋惜。不料老人立即把第二只鞋从窗口扔了出去，让人大吃一惊。老人解释道："这一只鞋无论多么昂贵，对我来说也没有用了，如果有谁捡到这一双鞋，说不定还能穿呢！"显然，老人的行为已有了价值判断：与

其抱残守缺，不如断然放弃。

我们都有过某种重要的东西失去的时候，且大都在心理上投下了阴影。究其原因，就是我们并没有调整心态去面对失去，没有从心理上承认失去，而总是沉湎于已经不存在的东西。事实上，与其为失去的而懊恼，不如正视现实，换一个角度想问题：也许你失去的，正是他人应该得到的。

生活中，人们常怀有这样的一种想法：总是希望自己能够有所得，并且以为自己拥有的东西越多，自己就会越快乐。所以，在这样的意识支配下我们沿着追寻获取的道路走下去。但是，最终有一天我们发现忧郁、无聊、困惑、无奈……一切不快乐却总是围绕在我们的身边，挥之不去。我们却依然故我，执着于那些我们渴望拥有的东西上，不知不觉中，我们已经着迷于这些事物了。

譬如，你爱上了一个人，而他却不爱你，你的世界就微缩在对他的感情上了，他的一举手、一投足，都能吸引你的注意力，都能成为你快乐和痛苦的源泉。有时候，你明明知道那不是你的，却想去强求，或可能出于盲目自信，或过于相信精诚所至、金石为开，结果不断的努力，却遭来不断的挫折。有的靠缘分，有的靠机遇，有的得需要人们能以看山

看水的心情来欣赏，不是自己的就不要强求，无法得到的就放弃。

懂得放弃才有快乐，背着包袱走路总是很辛苦。我们在生活中，时刻都在取与舍中选择，我们又总是渴望着取得，渴望着占有，常常忽略了舍弃，忽略了占有的反面——放弃。懂得了放弃的真意，才能理解"失之东隅，收之桑榆"的妙谛。懂得了放弃的真意，静观万物，体会与世界一样博大的境界，我们自然会懂得适时地有所放弃，这正是我们获得内心平衡、获得快乐的好方法。生活有时会逼迫你，不得不交出权力，不得不放走机遇，甚至不得不抛下爱情。你不可能什么都得到，生活中应该学会放弃。放弃会使你显得豁达豪爽，放弃会使你冷静主动，放弃会让你变得更智慧和更有力量。

生活中，失恋的痛楚、屈辱的仇恨、永无休止的争吵、权力、金钱、名利……这一切都源于自私的欲望，统统都应该放弃，一切恶意的念头，一切固执的观念也都应该放弃。

然而，放弃并非易事，这需要很大的勇气。面对诸多不可为之事，勇于放弃，是明智的选择。只有毫不犹豫地放弃，才能重新轻松投入新的生活，才会有新的发现和转机。

生活中缺少不了放弃。大千世界，取之与弃之是相互伴随的，有所弃才有所取。人的一生是放弃和争取的矛盾统一体，潇洒地放弃不必要的名利，执着地追求自己的人生目标。学会放弃，本身就是一种淘汰，一种选择，淘汰掉自己的弱项，选择自己的强项。放弃不是不思进取，恰到好处的放弃，正是为了更好地进取，常言道：退一步，海阔天空。人生短暂，与浩瀚的历史长河相比，世间一切恩恩怨怨，功名利禄皆为短暂的一瞬。福兮祸所伏，祸兮福所倚。得意与失意，在人的一生中只是短短的一瞬。行至水穷处，坐看云起时。古今多少事，都付谈笑中。

　　其实在时下这个喧嚣的社会里，有太多的虚名浮利并不值得追逐，而往往有许多人参与到这样无休止的评奖和争论中去，发表一些自以为是的观点，可结果呢，也许一辈子也没有结果。更重要的是，这样做对自己毫无意义，对自己的人生也没有任何助益。千万不要自以为是，殊不知"公说公有理，婆说婆有理"。给心灵一个独处的空间吧！

送人玫瑰，手有余香

只有愿意帮助别人，才会得到别人的帮助，与人方便，自己方便。你对别人慷慨解囊，你也会得到别人的无偿回报。

小时候父母告诉我们："在家靠父母，出外靠朋友。"我们每一个人都需要亲朋的帮助，帮助是相互的，一个人不可能永远寻求别人的帮助而不回报别人，这样的人，久而久之就会失去朋友，也会失去帮助。而一个经常给予别人帮助的人，也就会经常得到别人的帮助。所以，主动地帮助别人其实就是给自己做一项无形的投资，而这种投资是没有风险的。

为什么说这种投资是没有风险的？因为你只有真心地帮

助别人，才能够得到别人真心的帮助。如果只是敷衍别人，或者是怀着等价交换的心理来帮助别人，这样换来的只是帮助，而不是人心。人心是最难得的，有时却也最容易得，所谓心心相印，将心比心，就是要以你的真心换取别人的真心。真心地帮助别人，那么当你遭遇困境的时候，在你陷于无助的时候，就会意外地得到别人的帮助，给你帮助的人不一定是你曾经帮助过的人，或许只是个从未谋面的陌生人。所以，主动帮助别人是一种无形的投资，也可以说是一种无形的资产，虽然它根本看不见，摸不着，但它却真实地存在着。

　　一天，大雨不期而至，一位老妇人蹒跚地走进费城百货商店避雨。看她姿容狼狈，装束简朴，许多售货员都用他们习惯的冷漠对其视而不见。这时，一个叫菲利的年轻人诚恳地走过来对她说："夫人，我能为您做点什么吗？"

　　老妇人微笑着说："谢谢，我躲一会儿雨就走。"可老妇人觉得不买东西却占用人家的地盘不好意思，还是买点儿东西吧，就算买一个发夹这样的小饰物也好。

　　她还在犹豫时，菲利却搬了一把椅子放在门口，并对她说："夫人，您坐下休息一会儿吧。"

雨停后，老妇人向菲利道谢并要了他的名片。几个月后，费城百货公司收到了一张订单，要求他们派这位年轻人去苏格兰装潢一整座城堡，并承包他们所属几家大公司下一季度的办公用品采购。

原来这位老妇人是美国亿万富翁"钢铁大王"卡内基的母亲。事后，菲利因此得到了董事会的赏识，成了这家百货公司的合伙人。后来的几年中，菲利得到了"钢铁大王"卡内基的大力扶助，事业扶摇直上，成为美国钢铁行业仅次于卡内基的重量级人物。

即使一个有非凡能力的人，也需要别人的帮助，所以现代企业很看重团队合作。要正确把握人与人之间的联系和优势，利用别人的特点，采纳别人的意见，同时也让别人接纳自己，肯定自己，建立一种牢固的合作关系。俗话说，三个臭皮匠，顶个诸葛亮。团队精神在企业管理中占有重要地位。我们所熟知的微软集团在用人的时候就非常注重团队精神，理由是，即使你才华横溢，有超群的技术，可是如果你不懂得与人合作，那么就不能发挥出最好的成绩，只有把企业内部里有着不同的文化背景和知识结构的各种人才有效地联合起

来，才能更好地实现高效的配合，收到事半功倍的效果。

同事之间只有互相帮助才能建立起一个坚不可摧的团队，只有互助才能够互相成为最有利的资源和依靠。你在帮助别人的同时，也就获得了让别人帮助你的机会，在你困难的时候别人也能给你最及时的帮助。

因此在处理人际关系时，不能因为有共同的利益关系就待人苛刻，在别人需要帮助的时候袖手旁观。要以一种良好的心态来面对职场竞争，面对同事的成绩，不能心存嫉妒，要给予祝福，努力学习别人怎么能做得那么好。别人有了困难，要尽自己最大的努力去帮助，不能幸灾乐祸，更不能为了利益而落井下石。其实，在别人最需要你帮助的时候你能伸手给予别人帮助，这时最能体现一个人的素质。

其实，同事之间的互相帮助体现了一个团队的力量。一个团队中，同事之间没有帮助，只有竞争，那空气中就会充满了火药味，人和人之间的关系也就越来越生疏，甚至成了完全的对立关系，这样的一个团队是没有竞争力的。在没有打倒竞争对手之前，自己内部就已经乱成了一锅粥，容易让别人乘虚而入，抢占先机，最后的结果就是大家都没有得到好处。

　　有时候我们说人多力量大，要想真正收到人多力量大的效果，实施过程很重要，因为人一多管理的难度就增大。如果一个人数众多的企业内部没有一个良好的团队精神，也就是良好的企业文化，长此以往，就会变成一盘散沙，没有凝聚力，这样一个庞大的团体有时候就不如一个规模稍小但是团结的团队。打造一个良好的企业文化，需要公司里的每一个员工的共同努力，要正确地看待竞争，正确地看待利益之争，对名利有一个正确的认识，敞开胸怀，帮助别人，这样的团队才会特别有战斗力，大家也能从中得到最大的利益。

开放你的心

　　罗曼·罗兰说："庸俗的心灵，决不能了解无边的哀伤对于一个受难的人的安慰。只要是庄严伟大的，都是对人有益的。痛苦的极致就是解脱。压抑心灵，打击心灵，致心灵于万劫不复之地的，莫如平庸的痛苦，平庸的快乐，自私而猥琐的烦恼。"每个人都是自己心灵的塑造者。所以，一个人有什么样的心灵就会有什么样的人生。

　　每个人都有不同的气质，有的超脱，有的世俗，有的聪明活泼讨人喜欢，有的人举止庸俗让人讨厌。所有的一切，仅因为每个人的心灵世界不同。心思纯净，身上自会有一种

脱俗的气质；心灵不洁，自然也就会散出一种庸俗之气。所以，观气质，就可以观一个人。

　　著名小说家、剧作家墨白说："人是具有野心的一种动物，大多数的人都存在着一种不劳而获的投机心理，搞摸奖游戏者正是在研究了人的本质之后才得出这一结论，于是便开始在街上实施公开的诈骗。"我们每个人都生活在现实生活中，而现实生活也充满了各种各样的诱惑，所以，我们的生活也往往匆促浮华，难以培养出深邃的思想。因此，只有让自己远离各种诱惑，才能让自己的心灵安静下来，才能让自己的思想深刻起来。"人心如水，静止则明；不为物引，不为欲萦。"因此，我们要经常让自己停下来，打扫一下心灵。

　　从影响一个人心灵的角度来看，周围的环境对它有着巨大的影响。比如一个人如果在他的生活环境中，经常能受到朋友的鼓舞与勉励，那么，他的意志和决心就会得到加强，因为朋友在激励他去抓住机会，那么他就可以从朋友那里获得巨大的精神力量。

　　最能有助于朋友的往往不是金钱或物质上的帮助，而是亲切的态度、令人振奋的话、表示出同情以及真诚的赞美、鼓励。这样做不但可以使你的朋友受惠无穷，而且对于你自

身也益处良多。

人体就好像一架复杂的机器，漫长的生命为了成就一番伟大事业，建立不朽的功名。所以，人体这架复杂的机器中，每一个零部件对成功来说都是关键的，都是成功的一个要素，也就是说是完全为成功而存在的。

记住这条原则：确信自己必有成功的把握，无异于替自己的精神打了一针兴奋剂，会使那些迟疑、恐惧、后退彷徨的恶魔都纷纷避开你。同时，你的希望、期待与能力都如电流在你身体里流过一般，使你整个身体受到感应，把你改造成一个充满希望、前途远大的人。

所以，打开心灵，其实就是对自己有一个正确的认识，以一种积极的心态去面对。就像治病一样，你只有弄清病因，才能对症下药，也才能药到病除。认识自我，首先即要求我们学会自省，学会用一种客观的眼光来看待自己，既能认识到自己的缺陷，又不会让自己陷入自卑。其次，要对自己严格要求。如果我们意识到了自己的缺点并去改变，那么就会取得成效。如果我们抱着无所谓的态度，那么就会对这些缺陷视而不见。因此，我们必须严格要求自己，努力修正自己。再次，我们还要有一种坚定的信念。人的本性中有一

种潜在的不可征服的本质，无论遇到什么样的失败，仍能走出困境，登上成功的顶峰。

　　有些人太容易接受失败，还有一些人虽然一时不甘心，但是麻烦和挫折消磨了他们的志气，最后也就放弃了奋斗。只有具有坚定的信心和勇气的人，才能战胜人生的挫折、痛苦和种种坎坷，而赢取最后的胜利。

不要自私

自私是一种较为普遍的心理现象。其行为体现为：只顾自己的利益，从不会顾及他人、集体、国家乃至社会的利益，常有的表现形式就是损人利己、损公肥私等。自私也有程度上的不同，比较轻微的体现于计较得失，有私心杂念，不讲公德，而严重的则体现于为了达到自己的目的，侵吞公款，诬陷他人，杀人越货，铤而走险。

自私的人除了为了达到自己的目的，完全不顾别人的感受外，往往还会显示在对别人的冷漠无情上。

任何人都不要专顾自己的好处，一点儿不想到别人。自私的人是最讨人厌的人，人与人过着一种共同的生活，本来应当彼此帮助，彼此顾念，这样才能产生感情和友谊。如果一个人只顾自己的好处，就足能招来别人的厌烦和恶感，何况人且怀有自私的心不但不顾别人，还要夺取别人的好处归于自己，在这种情形之下，他会做各种损人利己的事，不用说受过他损害的人要厌恶他，就连未曾受过他损害的人也厌恶他。

一个人如果常自私地想别人应当爱他，他得了别人的恩惠一定不知道感激，而且还常会对别人不满意，责怪别人待他不好。他总觉得别人照他所希望的好好待他，是别人应当尽的本分。如果别人不能对他所希望的那样好，他便觉得别人亏负他，对不住他。这样的人对任何人都不满意，没有好感，纵使别人竭力爱他，也不会使他懂得满足感恩。这种人的自私是无止境的。请问谁能喜欢与这种人同处与这种人相交呢？

一个人若不愿意做这种讨厌的人，就当想到自己本没有权利要求别人爱，而应该首先去爱别人。无论是家中的人，是朋友，是邻舍，是同学，是同事，是亲戚，我们总不该要

求别人的爱，我们应该学会不要太自私。别人为我们做了什么事，不论是大是小，是多是少，我们都应当表示谢意。一个人如果这样做了，就很容易获得周围人的欢迎，得到别人的关爱。

报复无益

英国哲学家培根这样论及报复："报复的目的无非只是为了同冒犯你的人扯平。然而用度量宽原谅别人的冒犯，就使你比冒犯者的品质更好。这种大度容人是创业君王所具备的英雄气概，如果说大度容人是一种英雄气概，那么很强的报复欲则是一种小家之气了。"

因为不能宽容，所以我们就有了报复，尤其是在我们感到自己的内心受到很大的伤害时，我们不能平静地面对一切，也不能想起曾经的所有美好而抚平内心的伤痕，以前的所有此时都化为乌有，留下来而且确切地感受到的是恨以及

由此而来的报复。

　　莎士比亚说："不要由于你的敌人而燃起一把怒火，热得烧 你自己。"

　　仇恨是我们的敌人，通常会使我们筋疲力尽，使我们感到既疲倦又紧张不安，使我们的心理始终处于一种自我折磨的状态之中，甚至使我们的情绪失控，热血上涌，诱发高血压或心脏病等疾病。

　　仇恨使我们报复别人的代价远远超过了事件本身。

　　如果一个人心里怀有报复之心，自身受到的伤害比要被报复的人还大。甚至，报复会使人失去理智，会使人疯狂，会从无错到有错。让我们来看看报复的代价吧：

　　（1）精力的耗损。自己每天都生活在报复的阴影之中，想到伤心处，会劳心伤神，影响自己的身心健康。

　　（2）机会成本。有人为了自己的私人报复而放弃了自己一辈子的事业，失去了各种人生机会。

　　（3）时间成本。有人说："君子报仇，十年不晚"，可我们的人生有几个十年呢？这十年当中，我们错过多少美好的事物啊。

　　因此可知，报复的代价是无价的，而且结果一是会给我

们的仇人带来伤害；二是自己也会元气大伤，耗尽了我们的精力和各种追求。

一个具有高情商的人，一定会知道什么东西对自己更有意义，更有价值。报复虽解恨，但为自己增添了新的仇恨，冤冤相报何时了？

在美洲的一个原始森林里，生活着一种灰熊，当它被猎人布下的力紧齿锐的夹子夹住爪子后，它会用利齿啃断自己的爪子。之后便悄悄躲起来，用舌头舔自己的伤。

有一种解释：说熊是在伺机报复。它在等待猎人出现，而后去攻击他报失爪之仇。

而当地的猎人说，熊根本没有报复的念头，受伤后，熊只记住：残了，也要好好地活下去。

我们生活在这个万花筒的世界，人与人之间的碰撞是在所难免的，大多时候，不是故意而为之。有时，一些事情会不自觉地伤害到我们，群居社会的人们经常发生合作和交流的事情，其中的矛盾和碰撞是不可避免的，我们应该把这看作是必然的可能性，别说是我们，就连宇宙中的天体也常发生碰撞，甚至是吞并现象。人只不过是天体中极渺小的一分子而已，又怎么能去计较自己的这一点得失呢。

第七章

理解万岁

理解万岁

　　莫兰黛说："应该理解，必须理解。人类最高尚的目的就是理解一切，革命的捷径也是理解一切。"

　　人类在起始之初，天下只有一种语言，而不像现在这么复杂。人们往东方大迁移的时候，发现了一片宽广的巴比伦平原，就决定在那里居住下来。他们彼此商量着说：来吧，我们在这烧制砖头！他们真的就动手烧制起来。又说：来吧！我们建造一座城市，城里有高塔，插入云霄，好传扬人类的美名，以免分散到别的地方！

　　这个时候，上帝经过。他看见人们建造的城池和高塔，

他对人类说："你们联合成一个民族，讲一种语言，就可以做这样的事情，可想而知，以后你们为所欲为，想做什么就做什么。来吧！将人类分散到世界各地，让他们有不同的语言，使他们无法沟通。"

上帝的法术魔力巨大，塔没有建成，人类被分散到世界各地，说着不同的语言。上帝害怕人类的力量，用无法相互理解来减弱人类的力量，这是《圣经》里著名的故事。

有个失意的朋友打电话和我说，他苦闷、烦恼、忧郁，他说没有人理解他。我有些不知所措，因为不知从何说起，我想帮他，至少劝一劝他，可这必须有个前提，我必须理解他。于是我决定约他喝酒谈天，我相信语言的巨大魔力。

要想帮助别人，先得理解别人，通过沟通知道问题所在。就像故事暗示的，只有相互理解才能创造出无穷的力量。而有时理解本身就是一种肯定，一种帮助。

拿破仑在一次逃命的时候，藏在一个毛皮商人的一大堆毛皮底下，当拿破仑躲过士兵的搜捕后，商人问："当你走投无路的时候，是一种什么样的感觉？"拿破仑愤怒地向商人说："你竟然对皇帝问这样的问题？警卫，把这个不知道

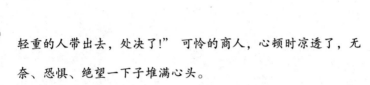

轻重的人带出去，处决了!" 可怜的商人，心顿时凉透了，无奈、恐惧、绝望一下子堆满心头。

过了一会儿，拿破仑才笑嘻嘻地对商人说："你现在知道我那时候的感受了吧？"这个玩笑告诉我们，要理解对方，就要从对方的角度着想。在别人失意、遇到挫折的时候，千万不要当作没有看见，而应该多关怀，多帮助。你愿意别人怎么样对你，你也要怎么样对别人。

要设身处地为人考虑，才能理解对方的痛苦和不幸。

以己之心度人

富兰克林说："如果你辩论、争强、反对，或许有时会获得胜利，但这胜利是空洞的，因为你永远不能得到对方的好感。"

每个人所处的环境和位置不同，因此，所观察的角度也会不同，得出的结论和看法自然也就不会相同。所以，如果别人与我们的观点不一致，并不说明他们一定就是错的。此时，我们要学会站到对方的角度上来看待问题，这也就是我们通常所说的换位思考。尤其是两个人意见不同或发生矛盾的时候，把自己置于他的位置上，揣度如果你是他你会如何

处理，这样一来，你不但能理解对方的处境，更能为彼此合作找到新的默契点。

有一个人寿保险公司的推销员，曾多次向一位客户推销保险，但任凭他磨破了嘴皮，跑烂了皮鞋，客户就是不买他的账。但不久，他听说那位客户投保了另一家保险公司，而且数额不小。推销员百思不得其解，这是为什么呢？原来在他第一次向客户推销不成时，他临离开时说了一句表示决心的话："我将来一定会说服你的。"而那位客户也回敬了一句："不，你做不到——毫无希望！"推销员就这样失去了一笔大生意。

明代陆绍珩说，人心都是好胜的，我若也以好胜之心应对对方，事情非失败不可。人都是喜欢对方谦和的，我以谦和的态度对待别人，就能把事情处理好。这就是人性的普遍性。

无论是推销商品，还是说服人做某事，我们都要记着这个原则。我们要让别人同意自己，就要考虑到对方和我们一样，有好胜的愿望，有受到尊重的需求，有需要顾全的脸面。如果不考虑到这些，失败就永远都是必然的。

有一个汽车推销员，很少能成功地卖出汽车，他很喜欢

和人争执。如果一位未来的买主对他出售的汽车说三道四的话，他就会恼怒地截住对方的话头，与对方辩论。每次他都能把对方驳得哑口无言，但同时，他也没有能卖给对方一点儿东西。为什么？他将对方的理由击得漏洞百出，他觉得很好，对方则觉得自尊受到伤害，于是要反对你的胜利。这就是这个推销员失败的原因。

以己之心度人，换位思考，这是我们做人时必须做到的，否则，很容易一败涂地。自我的低调，可以帮助别人树立必胜的信念，并在同时帮助你成功。你认识了那个真实的自己就会明白别人需要什么，当你给予了别人他需要的东西时，那就意味着你的成功。

你要让对方同意你，你就要谦和。千万不要一上来就宣称："我要证明什么什么给你看。"那等于是说："我比你聪明，我要让你改变想法。"我国古代触龙说赵太后的故事，就是一个以谦和说服人的例子，至今仍有积极意义，值得我们学习借鉴。

战国时代，赵惠文王死了，孝成王年幼，由母亲赵太后掌权。秦国乘机攻赵，赵国向齐国求援。齐国说，一定要让

长安君到齐国做人质，齐国才能发兵。

长安君是赵太后宠爱的小儿子，太后不让去，大臣们劝谏，赵太后生气了，说："再有劝让长安君去齐国的，老妇我就要往他脸上吐唾沫！"左师触龙偏在这时候求见赵太后，赵太后怒气冲冲地等着他。触龙慢慢走到太后面前，说："臣的脚有毛病，不能快跑，请原谅。很久没有来见您，但我常挂念着太后的身体，今天特意来看看您。"太后说："我也是靠着车子代步的。"触龙说："每天饮食大概没有减少吧？"太后说："用些粥罢了。"这样拉着家常，太后脸色缓和了许多。触龙说："我的儿子年小才疏，我年老了，很疼爱他，希望能让他当个王宫的卫士，我冒死禀告太后。"太后说："可以，多大了？"触龙说："十五岁，希望在我死之前把他托付了。"太后问："男人也疼爱自己的小儿子吗？"触龙说："比女人还厉害。"太后笑着说："女人才是最厉害的。"这时，触龙慢慢把话头转向长安君的事，对太后说，父母疼爱儿子就要替他打算得很远。

真正疼爱长安君，就要让他为国建立功勋，不然一旦

"山陵崩"(婉言太后逝世)，长安君靠什么来在赵国立足呢？太后听了，说："好，长安君就听凭你安排吧。"

触龙很懂得说服人的方法。他谦和，善解人意，在整个谈话过程中，避免与太后正面冲突。他站在太后的角度替太后着想，让自己的意见变成太后自己的看法。他没有教给太后什么，而是帮助太后自己去发现。最终使看似不可理喻的太后同意了自己的意见。

我们都是平凡人，所以，无论做什么事都不要把自己凌驾于他人之上。给予他人建议时一定要换位思考，这样，才能取得应有的成功。

帮助别人，就是帮助自己

对别人仁慈永远不会徒劳。即使受者无动于衷，至少施者可以获益。

印度谚语说："帮助你的兄弟划船吧，你自己不也过河了？"

有一名商人在一团漆黑的路上小心行走，心里懊悔自己出门时为什么不带照明工具。忽然，在他眼前出现了一点儿光亮，并渐渐地靠近。灯光照亮了附近的路，商人走起来也顺畅了一些。待到他走近灯光，才发现那个提着灯笼走路的人竟然是一位盲人。

商人十分奇怪地问那个盲人："你本人双目失明，灯笼对你一点儿用处也没有，你干吗要打灯笼浪费灯油？"盲人听了，慢条斯理地回答说："我打灯笼并不是为给自己照路，而是因为在黑暗里行走，别人看不见我，我便很容易被人撞倒。而我打着灯笼虽然不能帮我看清前面的路，却能让别人看见我。"

有时候，就在帮助别人的时候，也为自己带来了意外的收获。在起伏曲折的人生中，每个人都需要别人的帮助，当自己有能力帮助别人的时候，不要吝啬，不用担心，伸出手付出的时候，你也会得到很多。

有位作家，由于心脏不好，一年多以来一直躺在床上不能动。最长的旅途是去花园散散步，即使那样，他也得在亲人的扶持下才能行走。战争爆发了，作家所在的城市陷入了一片混乱之中。而为了躲避炸弹，他就住到了离家很远的一家医院里去。医院里人很多，有从战场上救下来的士兵，也有各种各样的病人。

这位可怜的作家，因为离开了家，只能和其他病人住在一起，而医院的病床很紧张。作家决定把床位让给更需要的

人，而自己还主动去帮助医院里其他的人。他努力为失去丈夫的妻子打气，还帮护士接听电话。他越来越忙，好像忘记了自己的病痛，已经像个健康人一样生活了。

战争是一场悲剧，可是却能让人坚强起来。这位作家在帮助别人的时候，也让自己坚强起来，积极的态度战胜了病魔。他在帮助别人的过程中找到了一种力量，是这样的力量让作家的生活恢复了正常。

帮助他人的时候，对于给予帮助的人需要消耗一点儿时间和一些关怀的语言，有时候需要物质和精神上的付出，而这种付出我们应该不计回报的。可是在不经意间，我们得收获更多。

有一个工厂遭受火灾，这是致命的打击，几乎要破产。大家都以为老板要解雇很多人，而且工资也会成为问题。可是出乎大家的意外，老板像没有发生任何事情一样，没有解雇员工，也没有不发工资。工人们很感激老板，决定大家一起努力，渡过难关。在工厂重建的过程中，大家都把这事情当作自己的事情，大家团结得像一家人一样。工厂重建起来以后，大家拼命工作，每天加班到很晚，为的是把失去的时

间赶回来。一年下来，工厂的效益不但没有因为火灾受到损失，反而比往年要好很多。

俗话说善有善报，帮助别人就是帮助自己，这是很有道理的。

与人相处，学会体谅

　　卡耐基说："在人生道路上能谦让三分，即能天宽地阔，消除一切艰难，解除一切纠葛。"

　　我们生活在这个复杂的社会中，每天都会有许多意想不到的事情发生，对于一些事情，我们不能太较真儿，要学会理解，因为每一件事都有着双面性，每个人处理和对待它的方法都是不一样的，较真儿往往会使我们钻牛角尖，使人执着于一念，甚至陷入迷茫。

　　张某和王某在大街上相遇，边走边聊。

　　张某说："咱们都是穷哥们儿，要是咱们能捡到一笔钱

那该有多好呀。不过，如果我们真捡到了钱，我们两个该怎么办呢？"

王某接着话茬儿说："怎么办？我们俩一人一半分了就完了呗。"

张某立刻表示反对："不对，应当是谁捡到就归谁才对，凭什么我分给你一半呢？"

王某反驳说："咱们俩一块儿走，捡到钱，你却想一个人独吞，你真是个守财奴，一点儿都不够朋友，我算是看走眼了，真不应该和你这样的人做朋友。"

王某说完，张某的拳头就抡了过来。就这样，两人你一拳，我一脚，打得不可开交。

这时，路上就来了一个人，大声喝道："两个畜生，在路上打什么架呀！"说着就过来拉架。

张某和王某一听，顿时怒火上来了，异口同声地说："关你什么事，你算什么东西！"劝架人也不示弱，说："我也不是好欺负的。我今天就偏要管了，怎么着？"话还没说完，张某和王某的拳头雨点般地落到他的身上。

不一会儿，三个人都挂了彩，累得气喘吁吁地倒在地上，正好县官路过这儿，看到这一场景，感到很奇怪，于是就问他们："是谁把你们打成这个样子的？"

三个人只好一五一十地把事情的经过全说了。

县官听了，哈哈大笑起来，三个人都愣在那里，不知所措。县太爷严肃地说："我还以为你们真拾到钱了。你们三个不好好地在田里耕作劳动，在这里没事找事来了。来呀，每人各打五十大板，看看以后还有没有人敢没事找事？"

人做什么不能太过较真儿，不能过于敏感，三个人为了本不存在的钱财大打出手，可谓愚不可及。

当我们与别人相处时，尽量相互体谅，不妨学着大度一点，心胸宽大一点儿，做事求大同存小异就可以了，这样，做人处事左右逢源，使得万事顺心如意。反之，如果你眼里容不得半粒沙子，遇事过分挑剔，即使是鸡毛蒜皮的小事也要论过是非曲直，就不会有人愿意与你打交道，那么，你的人际关系注定是失败的。

信任他人

爱默生说："你信任别人，别人才对你忠实。以伟大的风度待人，别人才表现出伟大风度。"

从前，有两个饥饿的人在沙漠里得到了一位长者的恩惠：一根鱼竿和一篓鲜活硕大的鱼。其中一个人要了一篓鱼，另一个人要了一根鱼竿，他们分道扬镳了。得到鱼的人就在原地用柴火搭起篝火煮起了鱼，他狼吞虎咽，把鱼带汤吃个精光，不久，他就饿死在空空的鱼篓旁边。另外一个拿了鱼竿的人，继续忍住饥饿，艰难地向海边走去，但是当他快要穿越沙漠，看到大海的时候，他已经用完了所有的体

力，只能带着遗憾离开了人间。

又有两个人穿越沙漠，同样一个人要了一篓鱼，另一个人要了一根鱼竿。只是他们没有各奔东西，而是一起商量共同去寻找大海。他们每次只煮一条鱼，经过漫长的跋涉，鱼吃完了，他们也终于来到了海边。他们用那根鱼竿开始了捕鱼的日子，几年后他们盖起了自己的房子，有了自己的渔船，过上了幸福的生活。

故事很简单，但是意义却很深刻。存在主义哲学家说过，他人即是地狱。互相折磨、互相敌对的人际关系成了生活中的地狱。但若像故事中的主人公一样，只要相互帮助就可能创造出完全不同的结果。每个人的能力是有限的，而相互合作、相互帮助则是摆脱困境的，享受生活的重要一条。

如果一个人自私自利，把自己封闭在自己的世界里，那么，他就相当于生活在地狱中。他摆脱不了自己的局限，甚至总在怀疑别人，生活在仇视别人的怪圈之中。

有一位浪迹天涯的青年，一次在火车上与一位妇人同坐。中途，那位妇人从手包里抽出一张钱，牵着孩子下车去买东西，手包就放在座位上。妇人买完东西回来，青年忍不

住问他，怎么就把手包放在座位上，而且手包里有不少钱。

妇人微笑着说："在我孩子还刚懂事的时候，我就教他要信任别人，我自己怎么能怀疑人呢？"年轻人很受感动。

信任，真诚的信任，之所以富有魅力，是因为每个人心里都是孤单寂寞的，我们都渴望被信任和理解。而不信任感却在无孔不入地蔓延着，真诚的信任来得如此珍贵和脆弱。

人们不得不戴上各种面具，按各种社会角色生活，于是心与心之间隔得越来越远，人们行色匆匆，即使是生活在一个屋檐之下，一起工作一起生活，也免不了相互算计，相互误会。掀去沉重的面具，自由呼吸，无所畏惧，坦然做人，帮别人，也帮了自己。

宽厚待人

丰子恺说："全为实利打算，换言之，就是极其极端，做人全无感情，全无义气，全无趣味，而人就变成枯燥、死板、冷酷、无情的一种动物。这就不是'生活'，而仅是一种'生存'了。"

人和人的关系有点儿复杂，很多时候我们之间有着竞争，又相互依赖。成人之美需要我们有着宽广的胸怀，有着非凡的气度。

春秋时候，楚庄王一次大宴群臣。酒宴闹到日落西沉，大家还未尽兴。楚庄王唤来士兵，点起灯烛，又令侍从搬来

好酒，让大家喝个尽兴，还找来妃子跳舞助兴。

忽然刮起一阵大风，一下子把灯烛吹灭。宫殿中一片漆黑，一位喝得半醉的将军忙乱中起身，因为被妃子的美色打动，在酒精的作用下，欲非礼妃子。妃子大惊失色，不过当时没有声张，只是摸着将军的头盔折断了上面的盔缨。

王妃走到楚庄王面前，大声呼叫，说在黑暗之中，有人趁机非礼她，她还折断了那人的帽缨，请大王找出那位无礼的大臣，问他的罪。大家听到了妃子的话，整个宫殿都一片死寂，大家心里都清楚接下来的事情非同小可。

大家都看着楚庄王，他沉默片刻，接着哈哈大笑。"大家喝酒尽兴，酒后失礼不能责怪。我赏大家喝酒，为的就是尽兴，不要为了这点事情坏了大家的兴致。来，大家把自己的盔缨都给我摘了。"

大臣们按照楚庄王的命令重新点了灯，那位醉酒的将军无地自容，群臣继续喝酒尽兴而散。在宴会上楚庄王暗暗观察大臣们的反应，心中明白了是哪位大臣。更令人不解的是，在宴会之后，楚庄王竟然把王妃赐予了那位无礼的将军。

三年后，楚晋大战。有一位将军身先士卒，奋不顾身冲杀在队伍的最前面。舍生忘死地将军拼命保护楚庄王，战功赫赫。这位将军就是当年宴会上非礼王妃的那个人，为了报答楚庄王的恩情，他肝脑涂地在所不惜。

当宽厚待人内化成一种修养的时候，可以成为一种人格魅力。成全别人的好事，为他人鼓掌。把掌声送给别人不是刻意抬高别人，贬低自己，更不是吹牛拍马、阿谀奉承，而是对别人的成就和优点的肯定。为他人鼓掌的人让我们能看到别人的优点，而一个愿意为别人鼓掌的人也会得到更多的掌声。

君子成人之美，不成人之恶。帮助别人是一种善良，为他人鼓掌则是一种魅力，一种风度。

善待对手

社会存在着竞争，在工作中，我们总会遇到各种各样的竞争对手。我们应该学会用一颗包容的心来对待我们的对手，学会尊重他们。

有些人认为，对敌人的仁慈，就是对自己的残酷。其实，并非如此。能成为我们的对手，就必然与我们有着共同的追求。或许我们会有这样的经历：一对很要好的朋友，偶尔也会在某一方面而一较高下，但这却并不影响你们之间的友谊，反而还会因为这样的竞争而加深感情。而对我们的对手也应如此。有些时候，我们甚至还应该感谢这些对手，没

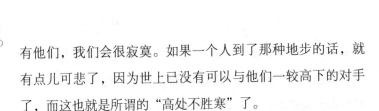

有他们，我们会很寂寞。如果一个人到了那种地步的话，就有点儿可悲了，因为世上已没有可以与他们一较高下的对手了，而这也就是所谓的"高处不胜寒"了。

善待对手，就要学会尊重对手。"物竞天择，适者生存"，为了在这个世界上生存，人与人之间，动物与动物之间，甚至人与动物之间都在争夺着有限的资源，所以，我们没必要对对手耿耿于怀。其实，我们与对手之间不仅仅是竞争，还可以有合作。现在出现的"强强联手"，就是这种合作形势的体现。毕竟，争个鱼死网破对谁都没好处，倒不如联合起来，这样才能取得更大的利益。

如果不能联合，那么双方也应该本着光明磊落的竞争原则，而不应该在暗中捣鬼。因为市场有它的规则，这些规则约束着市场经济的正常运行。如果有人总是不听指挥"闯红灯"，那么可能整个市场就会陷入拥堵之中，所以，规则是保护市场正确运行的条件。

市场竞争是残酷的，如果不能适应，那么很快就会被淘汰。因此也会有一些人为了自己的利益而不择手段，"打黑枪""吹黑哨"的现象时有发生。我们还没有有效的办法来杜绝，但应该尽自己最大的努力来竭力避免。对待自己的

竞争对手，也应该光明磊落。因为如果你用令人所不齿的手段，那么鬼把戏总有被人揭穿的那一天，到时你的信誉就会受到很大的影响，会对你的发展带来不利。赢，就要赢得光明正大，一个人让对手怕很容易，但让对手心甘情愿地叹服却很难。

　　竞争通常也很激烈，但是，无论是什么样的竞争，都要记住是对事而不对对手。朋友之间、同事之间，甚或商业对手之间，都是这样的。如果你因为与对方存在着竞争而对其进行人身攻击的话，就万万不该了。我们也不应该把这种竞争带到生活中去，比如与对手之间在商业上有竞争，但在生活上却可以成为朋友，就算成不了朋友也不应该去骚扰他的个人生活，这是一种基本的道德规范。

　　所以，要学会善待我们的对手。善待，最基本的就是要学会尊重对方。一般能够成为我们的对手，那么在实力、共同追求以及生活目标上就会有很多相似之处。有个成语叫作"惺惺相惜"，是说对手与对手之间相互敬慕、相互钦佩。通常，对手之间或许与我们会有更多的共同点，如果不是"各为其主"，很可能会成为朋友。而学会尊重对方，也是我们做人所应必备的一种素质。

因此，要学会把我们的竞争对手当成伙伴来看待。如果可以把竞争转化为合作，那是再好不过了。就算不能，也要学会把工作与生活区分开来。分清前途与事业两者之间的利害关系，对我们自身的发展是很有好处的。

宽容别人成就自己

生活中善于宽容的人，无疑也是容易获得幸福与内心满足的人。只有宽容的人生路上，才会有关爱和扶持，才不会有寂寞和孤独；只有宽容的生活，才会让你的人生少一些雷雨，多一点儿温暖和阳光。宽容永远都是一片艳阳天。

一位在纽约任教的老师决定告诉她的学生，他们是如何重要，以表达对他们的赞许。她决定采用这样一种做法，于是她将学生逐一叫到讲台上，然后告诉大家这位同学对整个班级和对她的重要性，再给每人一条蓝色缎带，上面以金色的字写着："我是重要的。"

之后，这位老师又给每个学生三个缎带别针，教他们出去给别人相同的感谢仪式，然后观察所产生的结果，一个星期后回到班级报告。

班上的一个男同学到邻近的公司找一位年轻的主管，因为他曾经指导他完成生活规划。那个男孩将一条蓝色缎带别在他的衬衫上，并且多给了两个别针，解释说："我们正在做一项研究，我们必须出去把蓝色缎带送给我们感谢和尊敬的人，再给你多余的别针，让你也能向他人进行相互的感谢仪式。下次请告诉我，这么做产生的结果。"

过了几天，这位年轻主管去看他的老板。从某些角度而言，他的老板是个易怒、不易相处的人，但极富才华，他向老板表示十分仰慕他的创作天分，老板听了十分惊讶。这个年轻主管接着要求他接受蓝色缎带，并允许帮他别上。一脸吃惊的老板爽快地答应了。

那个年轻人将缎带别在老板外套的左上方，并将所剩的别针送给他，然后问他："你是否能帮我一个忙？把这缎带也送给您感谢的人。这是一个男孩子送我的，他正在进行一项研究。我们想让这个感谢的仪式延续下去，看看对大家会

产生什么样的效果。”

　　那天晚上，那位老板回到家中，坐在14岁儿子身旁，告诉他：“今天发生了一件不可思议的事。在办公室的时候，有一个年轻的同事告诉我，他十分仰慕我的创作天分，还送了我一条蓝色缎带。想想看，他认为我的创作天分如此值得尊敬，甚至将印有‘我很重要’的缎带别在我的夹克上，还多送我一个别针，让我送给值得感谢尊敬的人。当我今晚开车回家时，就开始思索要把别针送给谁，我想到了你，你就是我要感谢的人。”

　　接着，这位老板又说了许多疼爱孩子的话。他的孩子听了十分惊讶，开始呜咽啜泣，最后哭得无法控制，身体一直颤抖。他看着父亲，泪流满面地说：“爸爸，我原本计划明天就要自杀，我以为你根本不爱我，现在我想已经没有必要了。”

　　只有严格要求自己，你才会去爱更多的人，才会去帮助更多的人，让他们感受到生活的真谛。一个人要想得到大家的支持，成为一个具有大海般宽阔胸襟的人，就必须学会先让自己成为一条自认为还算是合格的小溪。当我们严格要求自己的时候，也就在无形之中宽容了别人，同时成就了自己。

宽容的力量

在竞争激烈的现代社会，人们之间有磕碰是在所难免的，我们在社会交往中，吃亏、被误解、受委屈一类的事也经常发生。对个人来说，没有人愿意这样的事情发生在自己身上，但一旦发生了，最明智的选择就是宽容。宽容不仅仅包含着理解和原谅，更显示出气度和胸襟。宽容的是别人，带给自己的却是快乐。往往有时候因为你的宽容能改变别人的一生。

有一个孩子由于从小父母离异，谁都不管教他，这样一来，他就经常和社会上的一些小混混搅和在一块儿，养成了很多

不好的恶习。

　　一天，放学后他走到学校门口，看见路边摆了一个书摊，前面挤满了人。小孩平时很喜欢看一些图画书、故事书，于是他也挤进去看看卖些什么。原来卖的全是花花绿绿的小人书，很多都是他以前没有看过的。

　　对于小孩来说，小人书是最具吸引力的，很多人掏钱把书买走了。这个小孩也想买一本，可是一掏口袋，发现没钱。这可怎么办呢？如果现在回家向家长要钱，再来恐怕就卖完了，他很脑筋，不知如何是好。这时候，一个罪恶的念头闪进了脑海，偷！再说，以前和街头的小流氓们也偷过东西。

　　于是他装作要买书的样子，拿起那本他想要的书翻了翻，趁摊主大爷找钱的时候偷偷塞进了书包里。就这样，很轻松就得手了，他转身想赶快离开，突然一个洪亮的声音响起："大爷，他偷你的书！"刚才站在他身边的一个男生看见了他的行为，这时，小孩吓出了一身冷汗，怔在那里，脸一阵红、一阵白。

　　他正在那里不知所措，突然，听见摊主大爷说："哦，同

学，你误会了。他是我孙子。"刚才那个男生看见是自己误会了，向大爷道歉离开了。小孩顿时有些傻眼，大爷又说："你先回去吧，叫奶奶先做饭，我一会就回去。"他知道，大爷是帮自己解围，并告诉自己离开。可是他并没有离开，而是躲在一个角落里，直到摊主大爷收摊回家。他很想跑过去，向大爷说声对不起，可是他丧失了勇气。他知道，摊主大爷宽容了他。从那以后，小孩再也没有偷东西。

多年以后，当摊主大爷快要忘记这件事情的时候，他突然收到一个厚厚的包裹，里面全是书，每本书上面都写着同样一句话："赠给改变我一生的人。"还有一封信，信上说："大爷，您好。我就是当年偷你小人书的那个孩子，您以无限的胸怀宽容了我，您是改变我一生的人。如果您不介意，我真想叫您一声爷爷。从那以后，我再也没有偷东西，现在我有了自己的工作，为了报答您对我的宽容，我想寄一些书给您，但是这些书又怎么能够报答您对我的恩惠和宽容啊？"

宽容有如此强大的力量，有时候能改变一个人的一生。宽容是一种博大的情怀，它能包容人世间的喜怒哀乐。宽容也是一种境界，它能使人生跃上新的台阶。海纳百川，有容

乃大。有了这样的度量，还有什么东西容不下呢？

17世纪时期，两个国家之间发生了战争。一场激烈的战斗下来，其中一个国家打了胜仗。战后，这个国家的一个士兵坐下来，正准备取出壶中的水解渴，突然听到呻吟声，原来在不远处躺着一个受了重伤的敌国的士兵，正眼睁睁地看着他的水壶。"你比我更需要。"士兵走过去，将水壶送到伤者的口中，但是那个人却突然伸出手中的长矛刺向他，幸好偏了一点儿，只伤到士兵的手臂。"嘿！你竟然如此回报我。"士兵说，"我原来要将整壶水给你喝，现在只能给你一半了。"

这件事后来被战胜国的国王知道了，特别召见了那个士兵，问他为什么不把那个忘恩负义的家伙杀掉，士兵轻松地回答："我不想杀受伤的人。"

说实话，能拥有这样胸襟的人又能有几人？能拥有如此胸怀的人很令人敬佩。

当然，宽容也是有限度的，而且也是分对象的，要分清楚你所宽容的对象值不值得你宽容，如果说是那种对自己犯的错误屡教不改的人，那就不能一直忍受和宽容他，这样的

宽容虽然是善意的，但是不一定有好的效果。

　　宽以待人，是善意地对待别人的不足和缺点。因为再完美的人，都会有缺点，有的缺点甚至在别人看来难以接受。但是一个成年人老犯原则性的错误，或者是品质特别恶劣，你可以宽容他一次，并且善意地规劝他，在没有得到悔改的情况下，就不能够一直对他所犯的错误宽容下去。